职业教育课程创新精品系列教材

电子技术与技能实训

主　编　孙金龙　王连成
副主编　王世川　唐明捷　王　香
　　　　李晓丽　臧丽萍
参　编　赵　伟　刘振文
主　审　秦文平

北京理工大学出版社
BEIJING INSTITUTE OF TECHNOLOGY PRESS

内容简介

本书将《电子技术基础》的内容中"模拟电子技术"和"数字电路技术"技能实训部分根据学生大赛的需要和职教高考技能考试的需求进行梳理与重构。本书分为19个训练项目，其中前9个实训项目为模拟电路实训，后10个实训项目为数字电路实训。

本书具有校企"双主体"特色，采用项目导向、训练驱动、理实一体、训练评价等特点进行教材编写。

本书可作为中职或技工院校电子、电气、机电和计算机类专业配套实训课教材、春季高考技能考试教材，也可作为电子技术培训部门的参考用书。

版权专有　侵权必究

图书在版编目（CIP）数据

电子技术与技能实训 / 孙金龙，王连成主编. -- 北京：北京理工大学出版社，2024.3

ISBN 978-7-5763-3702-0

Ⅰ. ①电… Ⅱ. ①孙… ②王… Ⅲ. ①电子技术 Ⅳ. ①TN

中国国家版本馆 CIP 数据核字（2024）第 058057 号

责任编辑： 陈莉华　　**文案编辑：** 陈莉华
责任校对： 周瑞红　　**责任印制：** 施胜娟

出版发行 /	北京理工大学出版社有限责任公司
社　　址 /	北京市丰台区四合庄路6号
邮　　编 /	100070
电　　话 /	（010）68914026（教材售后服务热线）
	（010）63726648（课件资源服务热线）
网　　址 /	http://www.bitpress.com.cn

版 印 次 /	2024年3月第1版第1次印刷
印　　刷 /	定州启航印刷有限公司
开　　本 /	889 mm×1194 mm　1/16
印　　张 /	12.5
字　　数 /	254千字
定　　价 /	36.80元

图书出现印装质量问题，请拨打售后服务热线，负责调换

前言

党的二十大报告指出:"教育、科技、人才是全面建设社会主义现代化国家的基础性、战略性支撑。"在这个背景下为科技产业储备人才,提供产业发展智力保障必将成为科教兴国的先导。近年来我国的电子信息产业发展迅速,在国际上有着很高的市场份额,为了适应现代电子信息科学技术迅猛发展的人才需要和满足中职学生职教高考需求,根据《国务院关于大力推进职业教育改革与发展的决定》,积极推进课程和教材改革,开发和编写反映新知识、新技术、新工艺、新教法,具有职业教育特色的实训教材。

本教材针对电子技术专业、机电专业、计算机专业等学生必修的基础课程"电子技术基础"的内容,坚持"以应用为主,够用为度"和"为今后发展打下一定基础的原则""以职教高考技能考试作为切入点",对教材进行有机地梳理和整合,形成实践性强的技能实训教材。

该教材的主要特点表现为以下几个方面:

(1)将"模拟电子技术基础"和"数字电子技术基础"课程技能实训部分的内容有机地结合在一起,注重培养学生观察、分析和解决问题的能力。

(2)教材兼顾经典理论与最新的现代电子技术,在保留基本的电子技术理论基础上,配合相应电子实训平台,加强学生现代电子技术的实训。

(3)该教材按照"以学生为中心、以学习成果为导向、理论和实践相结合、促进学生自主学习"的思路进行开发设计,采用项目导向、实训驱动、理实一体、实训评价等工学特色进行教材编写。

本教材分为模拟电路、数字电路两大部分,按照电子信息类专业教学大纲的要求,充分考虑目前中职学校的教学实际,结合多年从事教学工作的经验,综合了部分参考资料编写而成。本书可作为中职电子、电气、机电和计算机类专业配套实训课教材、春季高等技能考试教材,也可作为电子技术培训部门的参考用书。

本教材具体编写分工：孙金龙编写实训1，王世川编写实训5、实训6、实训14至实训16，王香编写实训8、实训9、实训19，唐明捷编写实训2、实训7、实训17、实训18，臧丽萍编写实训10、实训11，李晓丽编写实训3、实训4、实训12、实训13；王连成负责课程思政和"二十大"报告进教材的指导和高校、企业的联络，保障了教材在升学就业方面的衔接；赵伟教授负责本教材各模块的一致性规范和"知识链接"部分的理论指导；刘振文工程师在本教材实训模块的"实训要求""实训实施"和"实训总结"方面给予了"实用性"和"适用性"规范指导；秦文平和孙金龙进行审稿和统稿，在此一并表示感谢！

本教材在编写理念、结构、内容等方面进行了大胆的探索，由于编者水平有限，书中难免存在疏漏和不足，恳请广大读者批评指正。

编　者

序

电子技术领域是一个庞大而复杂的领域，其应用范围涵盖了现代社会等各个领域。对于从业者来说，打好良好的电子技术基础是非常必要的。而这就需要进行专业的学习和技能培训来提高自己的技术能力，从而更好地应对社会的需求。

一、电子技术的基础知识

电子技术基础知识是学习电子技术的必备知识，其中包括电子元器件、电路原理、模拟电路和数字电路等基础内容。对于从业者来说，掌握这些基础知识能够更好地理解和维护操作电子设备，提高自己的工作效率。

二、电子技术的应用与发展

电子技术的发展带来了越来越多的应用领域，例如消费电子、通信、汽车、医疗器械和人工智能等，这些应用领域的不断扩大，也促进了电子技术的发展。在应对社会需求的同时，从业者们也需要不断学习电子技术的最新成果，从而保持竞争力。

三、电子技术技能实训的任务

电子技术技能实训的任务是使学习者提升专业技能，使其具备在电子与信息技术领域第一线工作所必需的基本知识、基本技能和初步的职业技能，为学习者巩固专业知识，增强适应职业变化的能力打下一定的基础。通过技能实训，学习者应能了解电子产品设计与制作的一般过程，能阅读电路原理图、印制电路板（PCB）图，能正确选择、使用元器件和材料，能熟练地安装和测试电子产品，能解决电子产品工作过程中出现的一般问题，能对所制作电路的指标性能进行测试并提出改进意见。

四、结语

综上所述，电子技术基础是电子行业从业者必须掌握的知识，而技能实训则是提高专业能力的有效方式。在电子技术行业不断发展的过程中，从业者们需要持续不断地学习和更新自己的知识和技能，不断提升自己的职业竞争力，更好地满足社会需求。

编　者

目录

实训 1　二极管检测与桥式整流滤波电路的搭建 ··· 1

实训 2　三极管的引脚判别与检测 ··· 15

实训 3　基本放大电路的搭建与调试 ··· 27

实训 4　分压式偏置放大电路的搭建与调试 ·· 38

实训 5　搭建集成运放 μA741 应用电路 ··· 48

实训 6　音频功放电路的安装与调试 ··· 59

实训 7　串联型直流稳压电源的安装与调试 ·· 67

实训 8　晶闸管的检测 ··· 77

实训 9　台灯调光电路的安装与调试 ··· 88

实训 10　TTL 集成逻辑门电路功能测试及应用 ·· 100

实训 11　74LS138 译码器的识别及功能测试 ··· 109

实训 12　CD4511 显示译码器功能测试 …………………………………………………… 117

实训 13　搭建与调试三人表决器 ………………………………………………………… 126

实训 14　基本 RS 触发器的识别及逻辑功能测试 ………………………………………… 136

实训 15　JK 触发器的识别和逻辑功能测试 ……………………………………………… 144

实训 16　D 触发器的识别和逻辑功能测试 ………………………………………………… 151

实训 17　四位数据寄存器 74LS175 的搭建与功能测试 …………………………………… 159

实训 18　集成计数器 74LS161 的功能测试 ………………………………………………… 168

实训 19　555 时基电路与多谐振荡器的功能测试 ………………………………………… 178

参考文献 ……………………………………………………………………………………… 192

实训 1

二极管检测与桥式整流滤波电路的搭建

1.1 实训目标

知识目标

（1）能独立查找资料，了解二极管相关参数。
（2）学会识别并判断二极管的好坏、极性、材质。
（3）掌握半波、全波、桥式整流电路的工作原理，能独立搭建桥式整流电路。
（4）能用示波器检测电路各端波形。
（5）掌握桥式整流电路故障检测方法。

素养目标

（1）了解二极管的发展史和我国近年来电子技术行业迅猛发展的现状。
（2）安全用电、爱护仪器设备，保持实训室环境整洁。
（3）通过分组合作完成实训，提高学生发现问题、分析问题、解决问题的能力，培养探索精神，养成团队意识和协作意识。

1.2 知识链接

一、半导体二极管

半导体二极管又称为晶体二极管，是各种电器设备中应用较为广泛的一种半导体元器件，也是日常维修中经常碰到的一种元器件，常见的有普通二极管、发光二极管、稳压二极管、光敏二极管等，如图1-1所示。

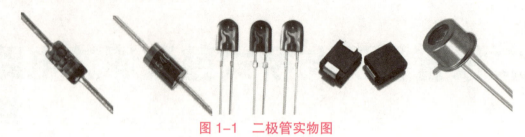

图1-1　二极管实物图

二极管是用半导体材料（硅、锗等）制成的一种电子器件。它具有单向导电性能，即给二极管阳极和阴极加上正向电压时，二极管导通，给阳极和阴极加上反向电压时，二极管截止。因此，二极管的导通和截止，则相当于开关的闭合与断开，如图1-2所示。

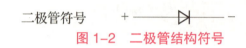

图1-2　二极管结构符号

二极管的引脚位置根据品种、型号及功能的不同而不同，识别二极管的引脚极性在电路的测试、安装、调试等各个应用场合都十分重要，而识别二极管的极性通常采用目测法和万用表测量法。

1. 普通二极管的检测

（1）小功率锗二极管的正向电阻为300~500 Ω，硅二极管的正向电阻为1 kΩ或更大些。锗二极管的反向电阻为几十千欧，硅二极管的反向电阻在500 kΩ以上（大功率的硅二极管，其值要小些）。

（2）根据二极管的正向电阻小、反向电阻大的特点可判断二极管的极性。将万用表拨到欧姆挡（一般用 $R×100\ Ω$ 或 $R×1\ kΩ$ 挡、不要用 $R×1\ Ω$ 挡或 $R×10\ kΩ$ 挡。因为 $R×1\ Ω$ 挡使用电流太大，容易烧毁管子；而 $R×10\ kΩ$ 挡使用的电压太高，可能击穿管子）。用万用表表笔分别与二极管的两极性相连，测出两阻值，在所测得阻值较小的一次，与黑表笔相连的一端即为二极管的正极。同理，在所测得阻值较大的一次，与黑表笔相接的一端为二极管的负极。如果测得的反向电阻很小，说明二极管内部短路；若正向电阻很大，则说明二极管内部断路。在这两种情况下二极管就需报废。

（3）一般硅二极管的正向压降为0.5~0.7 V，锗二极管的正向压降为0.1~0.3 V，所以测量一下二极管的正向导通电压，便可判断被测二极管是硅管还是锗管，其方法是在干电池的一端串一个电阻（1 kΩ），同时按极性与二极管相接，使二极管正向导通，这时用万用表测量二极管两端的管压降，如果是0.5~0.7 V即为硅管，如果是0.1~0.3 V即为锗管；若在电路动态测量则更为方便。

2. 发光二极管的测量

发光二极管是一种把电能变换成光能的半导体器件，当它通过一定的电流时就会发光。它具有体积小、工作电压低、工作电流小、亮度高等特点。

（1）发光二极管内部是一个 PN 结，具有单向导电性，故其检测方法类似于一般二极管的测量。

（2）将万用表置于 $R×1\,k\Omega$ 或 $R×10\,k\Omega$ 挡，测其正反向电阻值，一般正向电阻小于 $50\,k\Omega$，反向电阻大于 $200\,k\Omega$。

（3）发光二极管的工作电流是重要的一个参数，工作电流太小，发光二极管点不亮，太大则易损坏发光二极管。

（4）发光二极管正向开启电压为 1.2~2.5 V（高亮 LED 除外），而反向击穿电压为 5 V 左右。

3. 二极管的型号命名

二极管的型号命名由 5 个部分组成：主称、材料与极性、类别、序号、规格号，如表 1-1 所示。

表 1-1　二极管的型号命名方法（国家标准）

第一部分 主称		第二部分 材料与极性		第三部分 类别		第四部分 序号	第五部分 规格号
数字	意义	字母	意义	字母	意义	意义	意义
2	二极管	A	N 型锗材料	P	小信号管（普通管）	用数字表示同一类别产品序号	用字母表示产品规格档次
				W	电压调整管和电压基准管（稳压管）		
				L	整流堆		
		B	P 型锗材料	N	阻尼管		
				Z	整流管		
				U	光电管		
		C	N 型硅材料	K	开关管		
				B 或 C	变容管		
				V	混频检波管		
		D	P 型硅材料	JD	激光管		
				S	隧道管		
				CM	磁敏管		
		E	化合物材料	H	恒流管		
				Y	体效应管		
				EF	发光二极管		

二、桥式整流电路

桥式整流电路其实是全波整流电路的一种，如图1-3所示，是由4个二极管连接在一个闭环"桥"配置中，以产生所需的输出。

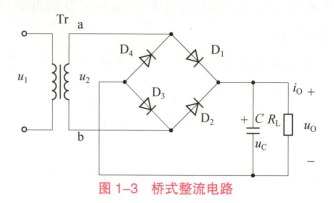

图1-3　桥式整流电路

桥式整流电路克服了全波整流电路要求变压器次级绕组有中心抽头和二极管承受反向电压大的缺点，但多用了两只二极管，在半导体器件发展快、成本较低的今天，此缺点并不突出，因而桥式整流电路在实际中应用较为广泛，因而也有集成的整流桥堆，如图1-4所示。

图1-4　常见整流桥堆

需要特别指出的是，二极管作为整流元件，要根据不同的整流方式和负载大小加以选择，如选择不当，则或者不能安全工作，甚至烧毁二极管；或者大材小用，造成浪费。

1.3　实训要求

本任务以小组为单位，通过严格规范的操作、严谨细致的分工协作，从二极管的检测、选择、电容器的选择和桥式整流滤波电路的搭建和检测入手，让学生进一步掌握桥式整流滤波电路的工作原理。

（1）能独立查找资料，了解二极管相关参数。

（2）学会识别判断二极管极性。

（3）学会判断二极管的好坏。

（4）掌握用指针式万用表和数字式万用表判断二极管材料。

（5）学会用指针式万用表和数字式万用表区分硅二极管和锗二极管。

（6）掌握用指针式万用表和数字式万用表判断电容器好坏。

（7）能用示波器检测二极管的基本特性。

（8）能使用示波器完成电路中各部分波形检测，学会记录、绘制各部分波形图。

（9）掌握半波、全波、桥式整流电路的工作原理，能够独立搭建半波整流电路、桥式整流电路、桥式整流滤波电路三种电路，通过测量输出电压，掌握这三种电路的异同点。

（10）掌握桥式整流电路故障分析和排除方法。

1.4 实训分组

采用扑克牌分组法，4人一组，对班级学生进行分组，4人分别担任项目经理（组长）、电子设计工程师、电子安装测试员和项目验收员角色。分组完成后，有序坐好，小组讨论制定组名、组训和小组 LOGO，营造小组凝聚力和文化氛围，并确定实训分工，项目经理完成表 1-2 的填写。

表 1-2 实训分组表

组名			
组训		小组 LOGO	
团队成员	学号	角色指派	职责
		项目经理	统筹计划、进度，安排工作对接，解决疑难问题
		电子设计工程师	设计测试电路
		电子安装测试员	安装电路元件，并对电路进行测试
		项目验收员	根据实训书、评价表对项目功能情况进行打分评价

1.5 元器件清单

元器件清单见表 1-3。

表 1-3 每小组元器件清单表

序号	文字符号	元器件名称及规格	数量	电气符号	实物图形	备注
1	D	二极管 1N4004	2	▷⊢		二极管的识别和检测
2	D	二极管 2CZ55	2	▷⊢		二极管的识别和检测
3	D	二极管 1N5819	2	▷⊢		二极管的识别和检测
4	D	二极管 2CW51	2	▷⊢		二极管的识别和检测
5	D	二极管 2CP25	2	▷⊢		二极管的识别和检测
6		指针式万用表 MF-47	1			测量电压、电阻
7		数字式万用表 胜利 VC9805A	1			电压二极管的检测
8	D	二极管 1N4007	4	▷⊢		构成桥式整流电路
9	C	电容器	1	⊣⊢+		主要起到滤波作用
10	LED	发光二极管	1	▷⊢		指示电路工作情况
11	R_L	负载电阻	1	R_L		负载

续表

序号	文字符号	元器件名称及规格	数量	电气符号	实物图形	备注
12		面包板 MB-102	1			电路搭建
13		示波器	1			波形测量

1.6 实训实施

一、实训前准备

（1）准备好实训工具。
（2）准备好实训所需检测的元器件。

二、二极管识别和检测

（一）外观识别

从外形上识别二极管，二极管如图 1-5 所示，有银色环或其他颜色色环标志的一端为二极管的负极；在点接触二极管的外壳上，通常标有极性色点（白色或红色）。一般标有色点的一端即为正极。

图 1-5 二极管实物

发光二极管（见图 1-6）引脚短的一端为负极；从侧面观察两条引出线在管体内的形状，小的为正极，大的为负极。

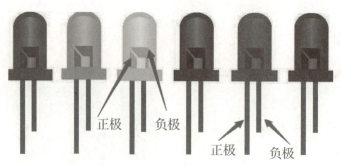

图 1-6 发光二极管外观图

（二）用指针式万用表检测二极管

选用万用表电阻挡 $R×1\,\text{k}\Omega$ 或 $R×100\,\Omega$ 进行测量。

1. 调零

将两表笔短接，调节调零旋钮，将指针调至零。

2. 测电阻

将万用表的红黑表笔分别接二极管的两端，读数，电阻较小时，黑表笔所接的为二极管的正极，红表笔所接的为负极，如图 1-7 所示。

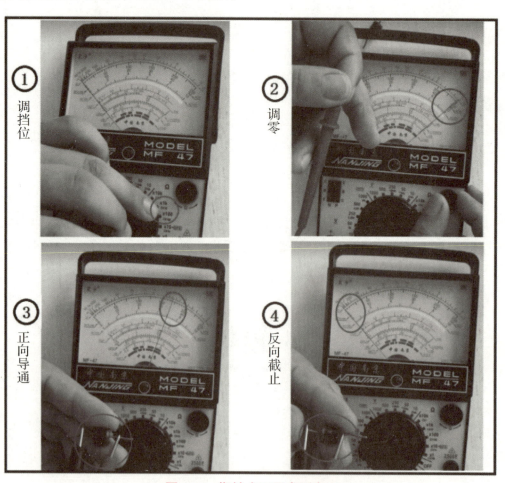

图 1-7 指针式万用表测电阻

选择合适挡位，测量二极管的正反向电阻，填写表格，如表1-4所示。

表1-4 测量结果记录表

选择挡位	正向测量值	反向测量值	二极管的状态判断

3. 辨别好坏

如果测得的正反向电阻均很小，说明二极管内部短路；如果测得的正反向电阻均很大，说明二极管内部断路。出现这两种情况说明二极管已损坏。

（三）用数字式万用表检测二极管

将数字式万用表调至二极管挡。

将万用表的红黑表笔分别接二极管的两端，读数显示"0L"时，表示电阻无穷大，说明此时二极管处于截止状态；显示"0.657"（或相近数值）时，红表笔接的是二极管的正极，黑表笔接的是二极管的负极，读数为二极管的导通电压，如图1-8所示。也就是说，用数字式万用表测量二极管时，显示导通电压值时，红表笔所接的是二极管的正极，黑表笔接的是二极管的负极（注：在实训过程中，因选择的二极管不同，其导通电压也会有所不同）。

调挡位

反向截止

正向导通

图1-8 数字式万用表测量图

用数字式万用表测量二极管，填写表格，如表1-5所示。

表1-5　测量结果记录表

选择挡位	正向测量值	反向测量值	二极管的状态判断

（四）二极管伏安特性的测量

将二极管接在电路中时，如何测量其特性呢？

用面包板搭建如图1-9所示电路，用万用表测量二极管D两端的导通电压，换一个二极管再次测量，并将测量结果填写在表1-6中。

硅二极管一般正向压降为0.5~0.7 V，锗二极管的正向压降为0.1~0.3 V，可根据测量结果判断二极管的材料是硅还是锗。通过测量完成表格的填写，如表1-6所示。

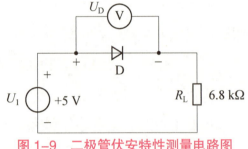

图1-9　二极管伏安特性测量电路图

表1-6　测量结果记录表

选择挡位	二极管型号	正向导通电压值	二极管的材料

三、搭建桥式整流滤波电路

（一）用面包板搭建电路

桥式整流滤波电路如图1-10所示。

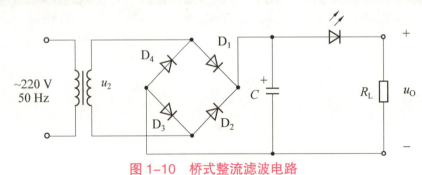

图1-10　桥式整流滤波电路

按照要求搭建电路。

1. 元器件装配工艺要求

二极管、负载电阻、电容均采用水平安装,元件体紧贴面包板。

2. 布局要求

疏密均匀,按照原理图一字形排列,左输入、右输出,每个安装孔只插入一个元件引脚,元器件水平或垂直放置。

3. 布线要求

按电路原理图布线,布线应做到横平竖直,转角成直角,导线不能相互交叉,确需交叉的导线应在元件体下穿过。

(二)通电测试

1. 检查电路

经实训"电子设计工程师"和指导教师检查许可后进行通电测试。

2. 接通电源

用数字式万用表测量输出电压值和输出电压波形近似值,填入表1-7中。

表1-7 测量结果记录表

电路	输出直流电压测量值	输出电压波形简图
桥式整流滤波电路		
桥式整流 (去掉电容)		
半波整流 (去掉电容和任意一个二极管)		

3. 观测绘制波形

用示波器观察输出波形,将波形画入表1-8中。

表1-8 波形记录表

桥式整流滤波电路输出波形	周期	幅度
(波形图)		
	量程范围	量程范围
桥式整流输出波形（去掉电容）	周期	幅度
(波形图)		
	量程范围	量程范围
半波整流输出波形（去掉电容和任意一个二极管）	周期	幅度
(波形图)		
	量程范围	量程范围

 1.7 实训总结

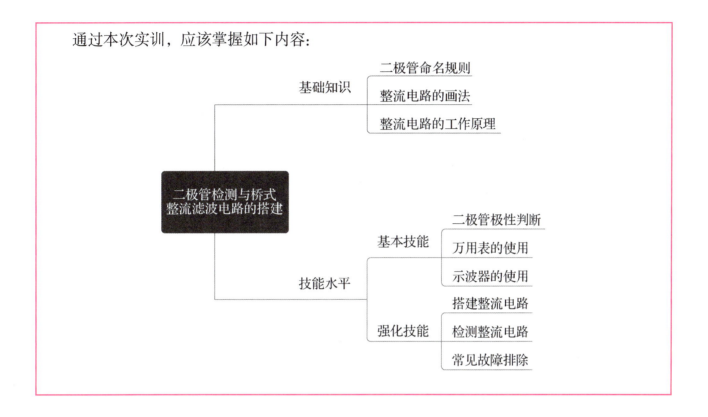

 1.8 实训收获

1.9 实训评价

班级		姓名		成绩	
任务	考核内容	考核要求		学生自评	教师评分
二极管识别与检测	外形识读（5分）	会根据型号确定二极管的管型、材料			
	管型判断（5分）	通过外观能够区分二极管的正负极			
	指针式万用表测量（10分）	能够判断二极管的极性			
	数字式万用表测量（5分）	能够判断二极管的极性			
	材料判别（5分）	通过测量参数能够判别二极管的材料			
二极管特性测试	特性参数（10分）	掌握测量方法			
搭建电路	元器件的检测（5分）	根据元器件清单，识别元器件；通过检测，判断元器件的质量，坏的元器件需要及时更换			
	电路搭建（5分）	能按照实训电路图正确搭建电路			
	布局（5分）	元器件布局合理			
通电测试	输入、输出电压测量（10分）	能正确使用数字式万用表测量相关电压			
	输入、输出波形测量（10分）	能正确使用示波器测量波形，会通过示波器的波形计算频率			
	参数测量（5分）	能分析相关二极管开路时电路的工作状态			
	故障检测（5分）	能检测并排除常见故障			
安全规范	规范（5分）	工具摆放整齐、使用规范			
	整洁（5分）	台面整洁，安全用电			
职业态度	考勤纪律（5分）	按时上课，不迟到早退；按照教师的要求动手操作；实训完毕后，关闭电源，整理工具和仪器仪表			
小组评价					
教师总评		签名： 日期：			

实训 2
三极管的引脚判别与检测

2.1 实训目标

知识目标

（1）学会识读三极管极性。
（2）掌握三极管性能好坏的检测方法。
（3）学会用万用表判别三极管的三个极。

素养目标

（1）了解三极管的发展史和我国近年来电子技术行业迅猛发展的现状。
（2）安全用电、爱护仪器设备，保持实训室环境整洁。
（3）通过分组合作完成实训，提高学生发现问题、分析问题、解决问题的能力，培养探索精神，养成团队意识和协作意识。

2.2 知识链接

半导体三极管也称为晶体三极管，可以说它是电子电路中最重要的器件。三极管最主要的功能是电流放大和开关作用。

三极管顾名思义具有三个电极的晶体管。三极管由两个 PN 结构成，共用的一个电极称为三极管的基极（用字母 b 或 B 表示）。其他的两个电极为集电极（用字母 c 或 C 表示）和发射极（用字母 e 或 E 表示）。由于不同的组合方式，形成了 NPN 型三极管和 PNP 型三极管。

三极管的种类很多，并且不同型号各有不同的用途。三极管大都是塑料封装或金属封装的，常见三极管的外观，有一个箭头的电极是发射极，箭头朝外的是 NPN 型三极管，而箭头朝内的是 PNP 型三极管。实际上箭头所指的方向是电流的方向。

三极管是在一块半导体基片上制作两个距离很近的 PN 结，这两个 PN 结把整块半导体分成三部分，分别是基极 b、两侧是集电极 c 和发射极 e，其排列方式有 NPN 和 PNP 两种，如表 2-1 所示。

表 2-1 三极管结构表

外形	结构	图形符号
NPN型三极管	集电极c / N集电区 / 基极b / P基区 / 集电结 / 发射结 / N发射区 / 发射极e	NPN符号（b, c, e）
PNP型三极管	c集电极 / P集电区 / b基极 / N基区 / 集电结 / 发射结 / P发射区 / e发射极	PNP符号（b, c, e）

三极管的引脚排列位置根据品种、型号及功能的不同而不同，识别三极管的引脚极性在测试、安装、调试等各个应用场合都十分重要。

一、目测法管极的判别

管型是 NPN 还是 PNP 应从管壳上标注的型号来辨别。依照部颁标准，三极管型号的第二位（字母），A、C 表示 PNP 管，B、D 表示 NPN 管，例如：3AX 为 PNP 型低频小功率管；3BX 为 NPN 型低频小功率管；3CG 为 PNP 型高频小功率管；3DG 为 NPN 型高频小功率管；3AD 为 PNP 型低频大功率管；3DD 为 NPN 型低频大功率管；3CA 为 PNP 型高频大功率管；3DA 为 NPN 型高频大功率管。此外有国际流行的 9011~9018 系列高频小功率管，除 9012 和 9015 为 PNP 型管外，其余均为 NPN 型管。

常用中小功率三极管有金属圆壳和塑料封装（半柱型）等外形，如图 2-1 所示介绍了几种典型的三极管外形和引脚排列方式。

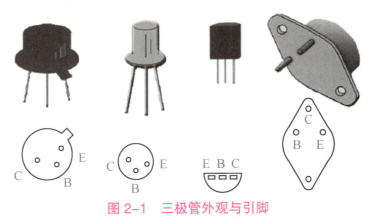

图 2-1 三极管外观与引脚

二、用指针式万用表电阻挡判别

三极管内部有两个 PN 结，可用万用表电阻挡分辨 e、b、c 三个极。在型号标注模糊的情况下，也可用此法判别管型，如图 2-2 所示。

图 2-2 三极管管型特点

三极管的管型和引脚判别方法：四句口诀"三颠倒，找基极；PN 结，定管型；顺箭头，偏转大；测不出，动嘴巴。"下面是其详细讲解部分。

（一）三颠倒，找基极

三极管是含有两个 PN 结的半导体器件。根据两个 PN 结连接方式的不同，可以分为 NPN 型和 PNP 型两种不同导电类型的三极管。

测试三极管要使用万用表的欧姆挡，并选择 $R \times 100\ \Omega$ 或 $R \times 1\ k\Omega$ 挡位。对于指针式万用表，其红表笔所连接的是表内电池的负极，黑表笔则连接的是表内电池的正极。假定我们并不知道被测三极管是 NPN 型还是 PNP 型，也分不清各引脚是什么电极。测试的第一步是判断哪个引脚是基极。这时，我们任取两个电极（如这两个电极为1、2），用万用表两支表笔颠倒测量它的正、反向电阻，观察表针的偏转角度；接着，再取1、3两个电极和2、3两个电极，分别颠倒测量它们的正、反向电阻，观察表针的偏转角度。在这三次颠倒测量中，必然有两次测量结果相近：即颠倒测量中表针一次偏转大，一次偏转小，剩下一次必然是颠倒前后指针偏转角度都很小，这一次未测的那只引脚就是我们要寻找的基极。

（二）PN结，定管型

找出三极管的基极后，我们就可以根据基极与另外两个电极之间PN结的方向来确定管子的类型。将万用表的黑表笔接触三极管的基极，红表笔接触另外两个电极中的任一电极，若表头指针偏转角度很大，则说明被测三极管为NPN型管，若表头指针偏转角度很小，则被测管即为PNP型。

（三）顺箭头，偏转大

找出了基极再测试确定集电极c和发射极e，我们可以用测穿透电流I_{CEO}的方法确定集电极c和发射极e。

1. NPN型三极管的测量

对于NPN型三极管，由NPN型三极管穿透电流的流向原理，用万用表的黑、红表笔颠倒测量两极间的正、反向电阻R_{CE}和R_{EC}，虽然两次测量中万用表指针偏转角度都很小，但仔细观察，总会有一次偏转角度稍大，此时电流的流向一定是：黑表笔→c极→b极→e极→红表笔，电流流向正好与三极管符号中的箭头方向一致，所以此时黑表笔所接的一定是集电极c，红表笔所接的一定是发射极e。

2. PNP型三极管的测量

对于PNP型三极管，也类似于NPN型，其电流流向一定是：黑表笔→e极→b极→c极→红表笔，其电流流向也与三极管符号中的箭头方向一致，所以此时黑表笔所接的一定是发射极e，红表笔所接的一定是集电极c。

（四）测不出，动嘴巴

若在"顺箭头，偏转大"的测量过程中，由于颠倒前后的两次测量指针偏转均太小难以区分时，就要"动嘴巴"了。具体方法是：在"顺箭头，偏转大"的两次测量中，用两只手分别捏住两表笔与引脚的结合部，用嘴巴含住（或用舌头抵住）基极b，仍用"顺箭头，偏转大"的判别方法即可区分开集电极c与发射极e。其中人体起到直流偏置电阻的作用，目的是使效果更加明显。

2.3 实训要求

本任务以小组为单位，通过观察和用万用表检测来判断三极管的管型、引脚、质量、材料，让学生能容易理解三极管的基础特性。操作过程中选择数个不同类型的三极管，并且选择合适的指针式万用表。整个过程要求团队协作、严谨细致、主动探索、严格规范。

（1）用指针式万用表检测。

（2）判断三极管管型。

（3）判断三极管引脚。

（4）判断三极管质量。

（5）判断三极管材料。

（6）学会计算三极管放大倍数。

（7）学会识读三极管极性。

（8）学会检测三极管性能的好坏。

（9）学会用万用表判别三极管的三个极。

2.4 实训分组

采用扑克牌分组法，4人一组，对班级学生进行分组，4人分别担任项目经理（组长）、电子设计工程师、电子安装测试员和项目验收员角色。分组完成后，有序坐好，小组讨论制定组名、组训和小组LOGO，营造小组凝聚力和文化氛围，并确定任务分工，项目经理完成表2-2的填写。

表2-2 项目分组表

组名				
组训			小组LOGO	
团队成员	学号	角色指派	职责	
		项目经理	统筹计划、进度，安排工作对接，解决疑难问题	
		电子设计工程师	设计测试电路	
		电子安装测试员	安装电路元件，并对电路进行测试	
		项目验收员	根据任务书、评价表对项目功能情况进行打分评价	

任务实施过程中，采用班组轮值制度，学生轮值担任组长、电子设计工程师等角色，每个人都有锻炼组织协调项目管理、项目设计、项目安装调试和项目验收能力的机会。通过小组协作，培养学生团队合作、互帮互助精神和协同攻关能力。

2.5 元器件清单

元器件清单见表 2-3。

表 2-3 每小组元器件清单表

名称	型号	数量	备注
NPN 型三极管	9013	2	
PNP 型三极管	9012	2	
NPN 型三极管	9018	2	
PNP 型三极管	9015	2	
PNP 型三极管	8850	2	
NPN 型三极管	3DK9H	2	
指针式万用表	MF-47	1	
红表笔		1	
黑表笔		1	

2.6 实训实施

一、实训前准备

（1）准备好实训工具。

（2）准备好实训所需检测的元器件。

二、观察三极管外形

观察三极管的外形，如图 2-3 所示。

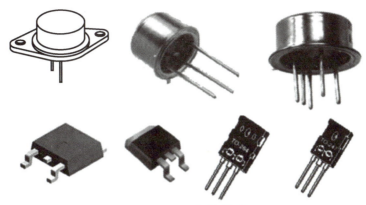

图 2-3 三极管外观

观察实训三极管的外形及标识,识读三极管,在表 2-4 中记录三极管的型号、材料等。

表 2-4 观察结果记录表

三极管型号	管型	材料

三、判别三极管的管型

三极管按照结构可以分为 NPN 型和 PNP 型两种,根据三极管的结构可知,三极管有两个 PN 结,因此按照判别二极管极性的方法,可判断出三极管的基极及管型。

1. 用指针式万用表判别

用指针式万用表电阻挡 $R \times 1\,\text{k}\Omega$ 或 $R \times 100\,\Omega$ 进行判别。

以 NPN 型管为例:

先用黑表笔接某一引脚,如图 2-4 所示。

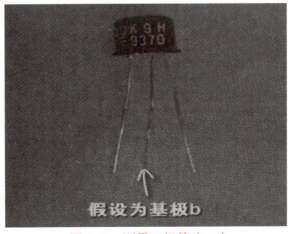

图 2-4 测量三极管(一)

红表笔分别接另两只引脚,测量两两引脚之间的阻值,如图2-5、图2-6所示。

图2-5 测量三极管(二)

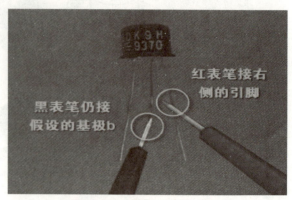
图2-6 测量三极管(三)

若两次阻值都很小,黑表笔所接的为基极,管型为NPN型。

若用红表笔接某一引脚,黑表笔分别接另两只引脚,测量两引脚之间的阻值。若两次阻值都很小,红表笔所接的为基极,管型为PNP型。

2. 用数字式万用表判别

用数字式万用表的"  "挡进行判别,先用黑表笔接某一引脚,红表笔分别接另两只引脚,若两次读数都很小,此时黑表笔所接的为基极,管型为PNP型。若用红表笔接某一引脚,黑表笔分别接另两只引脚,若两次读数都很小,此时红表笔所接的为基极,管型为NPN型。

四、判别三极管的引脚

先根据以上的操作判断出基极,假设被测管为NPN型管。用手捏住假设的集电极和基极,测量假设集电极与发射极之间的电阻,如图2-7所示,将结果记在表2-5中。

再互换表笔进行测量。将假设的集电极与发射极互换重测,如图2-8所示,并在表2-5中做好记录。

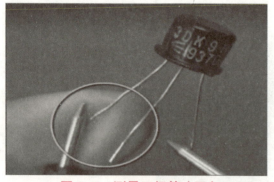
图2-7 测量三极管(四)

图2-8 测量三极管(五)

表 2-5 测量结果记录表

外形	型号	测量结果（指针式万用表）			结论
		红表笔	黑表笔	阻值	
9013	9013	1	2		
		2	1		
		1	3		
		2	3		
		3	2		
		用手捏住1、2引脚	3		
		3	用手捏住1、2引脚		
		用手捏住2、3引脚	1		
		1	用手捏住2、3引脚		

外形	型号	测量结果（指针式万用表）			结论
		红表笔	黑表笔	阻值	
9012	9012	1	2		
		2	1		
		1	3		
		2	3		
		3	2		
		用手捏住1、2引脚	3		
		3	用手捏住1、2引脚		
		用手捏住2、3引脚	1		
		1	用手捏住2、3引脚		

比较两次测得的电阻，阻值较小时，黑表笔所接的是集电极。相反，若管型为 PNP 型，则阻值较小时，红表笔所接的是集电极。也可用 100 kΩ 左右的电阻代替手指，如图 2-9 所示。

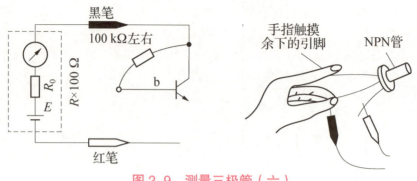

图 2-9　测量三极管（六）

五、判断三极管的好坏

选用指针式万用表电阻挡 $R \times 1 \text{ k}\Omega$ 或 $R \times 100 \text{ }\Omega$ 进行测量。以 NPN 型三极管为例，用黑表笔接基极，红表笔接发射极。电阻较小，交换表笔测量，电阻为无穷大，说明三极管的发射结正常；若两次阻值都很大，说明三极管开路；若两次测量阻值都为零，说明三极管短路。同理可以测量其他引脚之间的电阻加以判断。

六、判别三极管的材料

选用数字式万用表的"⏄"挡进行判别，以 NPN 型三极管为例，用红表笔接基极，黑表笔分别接集电极和发射极，若显示读数在 0.5~0.7 V，则为硅三极管，若显示读数在 0.1~0.3 V，则为锗三极管。

七、用万用表测三极管放大倍数

以数字式万用表检测 PNP 型三极管为例。选择 h_{FE} 挡位进行测量，将三极管引脚插入对应型号的插孔即可，如图 2-10 所示。

图 2-10　测量放大倍数

2.7 实训总结

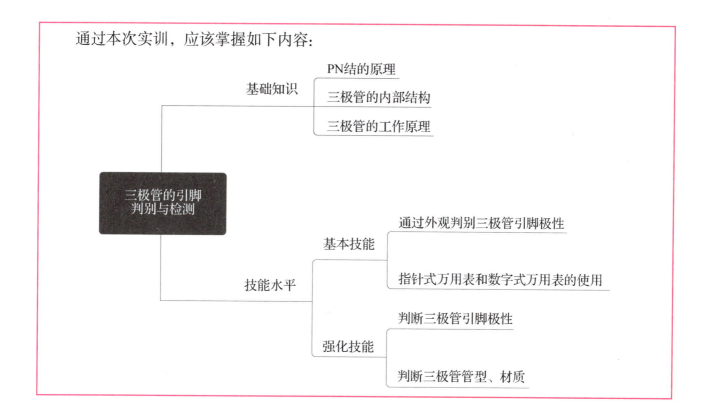

2.8 实训收获

2.9 实训评价

班级		姓名		成绩	
任务	考核内容	考核要求		学生自评	教师评分
三极管识别与检测	外形识读（15分）	会根据型号查找元件手册确定三极管的管型、材料			
	管型判断（15分）	能够区分NPN、PNP管型，能判断出基极			
	引脚判断（10分）	能够判断出发射极e、集电极c			
	好坏判断（10分）	能够判断出三极管的好坏			
	材料判别（10分）	能够判别三极管的材料			
三极管特性测试	放大倍数（10分）	掌握测量方法			
安全规范	规范（10分）	工具摆放整齐、使用规范			
	整洁（10分）	台面整洁，安全用电			
职业态度	考勤纪律（10分）	按时上课，不迟到早退；按照教师的要求动手操作；实训完毕后，关闭电源，整理工具和仪器仪表			
小组评价					
教师总评					
		签名：		日期：	

实训 3

基本放大电路的搭建与调试

3.1 实训目标

实训3 基本放大电路的调试

知识目标

（1）熟悉常用电子仪器设备和模拟电路装置的使用。
（2）理解静态工作点的含义，会用万用表测静态工作点。
（3）学会放大电路静态工作点的调试方法。
（4）学会根据电路图搭建基本放大电路。
（5）学会用示波器观察输出电压的波形。

素养目标

（1）关注放大电路在现代电子技术中的应用。
（2）通过三极管放大电路的搭建、故障的排除，提高学生发现问题、分析问题、解决问题的能力，培养学生探索精神。
（3）通过分组合作，养成团队意识和协作意识。

3.2 知识链接

一、共射极放大电路

共射极放大电路是一种基本的晶体管放大电路，也是最常用的放大电路之一。在共射极基本放大电路中，在基极接入输入信号，集电极输出放大后的信号。该电路的名称"共射极"源于三极管的发射极是输入回路和输出回路的公共端。

（一）放大电路中各元件的作用

如图 3-1 所示，共射极基本放大电路中各元件的作用如下。

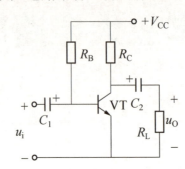

图 3-1　共射极基本放大电路

（1）VT：三极管，起电流放大作用，是放大电路的核心器件。

（2）V_{CC}：直流电源，有两个作用，一是保证三极管工作于放大区；二是为放大电路提供能源。

（3）R_B：基极偏置电阻，使发射结获得正偏置电压，向三极管的基极提供合适的偏置电流。

（4）R_C：集电极负载电阻，把三极管的电流放大转换为电压放大，其阻值的大小影响放大器的电压放大倍数。

（5）C_1 和 C_2：耦合电容，传递交流信号，隔断直流信号，避免放大电路的输入端与信号源之间、输出端与负载之间直流分量的相互影响。

（二）静态工作点的设置

1. 静态工作点

所谓静态指的是放大器在没有交流信号输入（即 $u_i = 0$）时的工作状态。这时三极管的基极电流 I_B、集电极电流 I_C、基极与发射极间的电压 U_{BE} 和集电极与发射极间的电压 U_{CE} 的值叫静态值。这些静态值分别在输入、输出特性曲线上对应着一点 Q，如图 3-2 所示，称为静态工作点，或简称 Q 点。由于 U_{BE} 基本是恒定的，所以在讨论静态工作点时主要考虑 I_B、I_C 和 U_{CE} 三个量，并分别用 I_{BQ}、I_{CQ} 和 U_{CEQ} 表示。

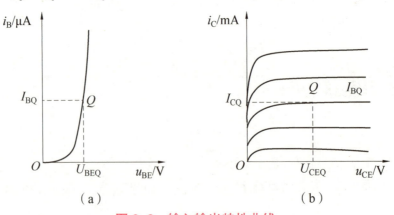

图 3-2　输入输出特性曲线

2. 静态工作点的作用

如图 3-2（a）和图 3-2（b）所示，如保持电源 V_{CC} 不变，调节 R_B 即可改变 I_{BQ}，从而使静态工作点改变。为使放大器能正常工作，放大器必须有一个合适的静态工作点，首先必须有一个合适的偏置电流（简称"偏流"）I_{BQ}。

若不接基极电阻 R_B，即三极管发射结无偏置电压时，偏置电流 $I_{BQ}=0$，$I_{CQ}=0$，静态工作点在坐标原点，如图 3-3 所示。当 u_i 为正半周时，三极管发射结正向偏置，由于三极管的输入特性曲线存在死区，所以只有当输入信号电压超过死区电压时，三极管才能导通，产生基极电流 i_B；当 u_i 为负半周时，发射结反向偏置，三极管截止，$i_B=0$。

接上基极电阻 R_B，设置合适的静态工作点（见图 3-4）中的 Q 点，这时 u_i 与静态时基极与发射极间的电压 U_{BEQ} 叠加在一起加在发射结两端，发射结两端电压始终大于三极管的死区电压，在输入电压的整个周期内三极管始终处于导通状态，即随输入电压 u_i 的变化均有基极电流，这样，放大器能不失真地使输入信号得到放大。

从图 3-3 和图 3-4 工作波形中可以看出：

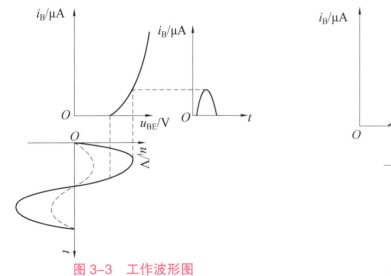

图 3-3 工作波形图

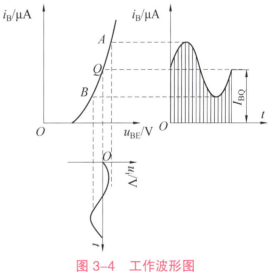

图 3-4 工作波形图

输出电压 u_o 的幅度比输入电压 u_i 的幅度大，说明放大器实现了电压放大。i_b、i_c、u_i 三者频率相同、相位相同，而 u_o 与 u_i 相位相反，这叫作共射极放大器的"反相"作用。

动态时，u_{BE}、i_B、i_C、u_{CE} 都是直流分量和交流分量的叠加，波形也是两种分量的合成。

虽然动态时各部分电压和电流大小随时间变化，但方向始终保持和静态时一致，所以静态工作点 I_{BQ}、I_{CQ}、U_{CEQ} 是交流放大的基础。

二、共射极基本放大电路的工作原理

1. 静态工作点

输入信号 $u_i=0$ 时，输出信号 $u_o=0$。这时在直流电源电压 V_{CC} 作用下通过 R_B 产生了 I_{BQ}，经三极管的电流放大，转换为 I_{CQ}，I_{CQ} 通过 R_C 在 c 极和 e 极间产生了 U_{CEQ}，I_{BQ}、I_{CQ}、U_{CEQ} 均

为直流量，即静态工作点。

2. 动态工作时

若输入信号电压 $u_i \neq 0$ 时，称为动态。通过电容 C_1 送到三极管的基极和发射极之间，与直流电压 U_{BEQ} 叠加，这时基极总电压为 $u_{BE} = U_{BEQ} + u_i$，这里所加的 u_i 为低频小信号，工作点在特性曲线线性区移动，电压和电流近似线性关系。在 u_i 的作用下产生基极电流 i_b，这时基极总电流为

$$i_B = I_{BQ} + i_b$$

i_B 经三极管的电流放大，这时集电极总电流为

$$i_C = I_{CQ} + i_c$$

i_C 在集电极电阻 R_C 上产生电压降 $i_C R_C$（为了便于分析，假设放大电路为空载），使集电极电压

$$u_{CE} = V_{CC} - i_C R_C$$

经变换得：

$$u_{CE} = U_{CEQ} + (-i_c R_C)$$

即

$$u_{CE} = U_{CEQ} + u_{ce}$$

由于电容 C_2 的隔直作用，在放大器的输出端只有交流分量 u_{ce} 输出，输出的交流电压为

$$u_o = u_{ce} = -i_c R_C$$

式中，负号表示输出的交流电压 u_o 与 i_c 相位相反。

只要电路参数能使三极管工作在放大区，且 R_C 足够大，则 u_o 的变化幅度将比 u_i 变化幅度大很多倍，由此说明该放大器对 u_i 进行了放大。若输入信号电压波形如图 3-5 所示，那么，用示波器观测到的输出电压波形如图 3-5 所示。

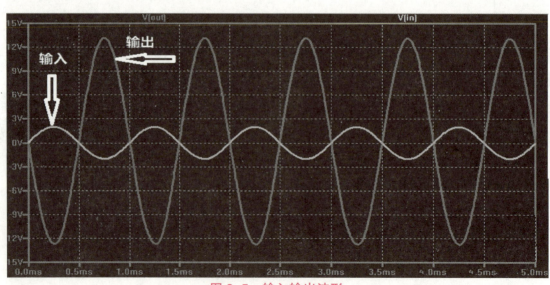

图 3-5 输入输出波形

电路中，u_{BE}、i_B、i_C 和 u_{CE} 都是随 u_i 的变化而变化的，它的变化顺序如下：

$$u_i \rightarrow u_{BE} \rightarrow i_B \rightarrow i_C \rightarrow u_{CE} \rightarrow u_o$$

放大器动态工作时，各电极电压和电流的工作波形，如图 3-6 所示。

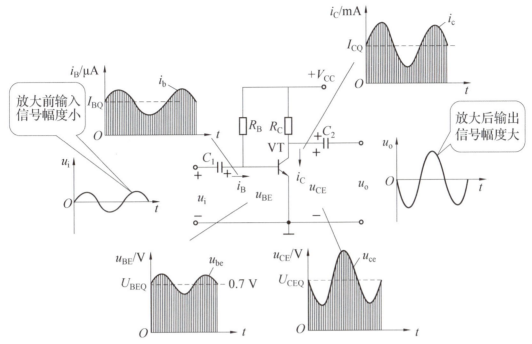

图 3-6　共射极基本放大电路各极电压和电流的工作波形

3.3　实训要求

本任务以小组为单位，通过知识点的学习能够了解共射极放大电路的结构，通过对共射极放大电路原理分析，进行电路搭建和故障排除。能够利用万用表测静态工作点，做好记录，并画出各部分波形图。整个过程要求团队协作、严谨细致、主动探索、严格规范。

（1）能使用万用表测试电子元器件的好坏和基本参数。

（2）会利用电子实训台模拟电路装置的使用。

（3）能熟练使用示波器。

（4）会使用低频信号发生器。

（5）会使用毫伏表。

（6）能理解静态工作点的含义，会用万用表测静态工作点。

（7）掌握放大电路静态工作点的调试方法。

（8）理解放大倍数的含义，掌握放大电路电压放大倍数的测试方法。

（9）学会根据电路图搭建基本放大电路。

（10）会用示波器观察输出电压的波形。

实训过程还要注意：电路通电前应由实习指导教师或现场工程师检验；严格整个实训步骤的数据记录和任务评价的填写。

3.4 实训分组

采用扑克牌分组法，4人一组，对班级学生进行分组，4人分别担任项目经理（组长）、电子设计工程师、电子安装测试员和项目验收员角色。分组完成后，有序坐好，小组讨论制定组名、组训和小组LOGO，营造小组凝聚力和文化氛围，并确定任务分工，项目经理完成表3-1的填写。

表 3-1　实训分组表

组名		小组 LOGO	
组训			
团队成员	学号	角色指派	职责
		项目经理	统筹计划、进度，安排工作对接，解决疑难问题
		电子设计工程师	进行电子线路设计
		电子安装测试员	进行电器安装，配合电气工程师进行调试
		项目验收员	根据任务书、评价表对项目功能情况进行打分评价

任务实施过程中，采用班组轮值制度，学生轮值担任组长、电子设计工程师等角色，每个人都有锻炼组织协调项目管理、项目设计、项目安装调试和项目验收能力的机会。通过小组协作，培养学生团队合作、互帮互助精神和协同攻关能力。

3.5 元器件清单

元器件清单见表3-2。

表 3-2　元件列表清单

序号	文字符号	元器件名称及规格	数量	外观	注意事项
1	VT	9013（NPN 型三极管）	1		判别三极管极性
2	R_B	基极电阻 330 kΩ	1		
3	R_C	集电极电阻 510 Ω	1		先测量阻值
4	R_L	负载电阻 1 kΩ	1		
5	C_1，C_2	耦合电容 16 V/10 μF（电解电容）	2		电解电容的极性
6		电工电子实训台	1		
7		低频信号发生器 PT5203	1		
8		示波器 MOS640FG	1		
9		数字式万用表 胜利 VC9805A	1		
10		毫伏表 TVT-322	1		
11		面包板 MB-102	1		
12		导线	若干		

3.6 实训实施

一、实训前准备

（1）准备好实训工具。
（2）准备好实训所需检测的元器件。

二、测量放大电路的参数

测量放大电路的静态工作点及放大电路的主要参数，用示波器观察输出电压的波形。

（一）用面包板搭建电路

元器件装配工艺要求：电阻采用水平安装，三极管、电解电容采用立式安装，元件体紧贴面包板。

布局要求：如图 3-7 所示，按照原理图一字形排列，三极管放在面包板的中间位置，左输入、右输出，每个安装孔只插入一个元件引脚，元器件水平或垂直放置。

布线要求：按电路原理图布线，导线长度适中，接线时注意区分电解电容器的极性、三极管的引脚。

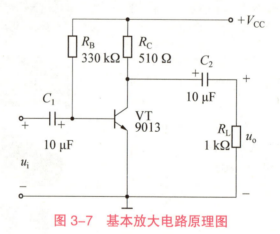

图 3-7 基本放大电路原理图

（二）通电测试

1. 检查电路

检查电路布局和电路连接情况。

2. 接通电源

检查电路无误后，接通电源。

3. 测量静态工作点

所谓静态就是放大器交流输入信号为 0 时的工作状态。这时三极管的基极电流 I_B、集电极

电流 I_C、基极与发射极间的电压 U_{BE} 和集电极与发射极间的电压 U_{CE} 的值叫静态值。

V_{CC} 选用 +12 V 电源供电，用万用表测量电路的静态工作点，将黑表笔接地，红表笔分别接三极管的三个极，将测量结果填入表中，如表 3-3 所示。

表 3-3 静态工作点测量

电压	测量结果	电流	计算结果
U_{BQ}		I_{BQ}	
U_{CEQ}		I_{CQ}	

4. 测量电压放大倍数

放大倍数是在交流信号的作用下，直流输入信号为 0 时测量的。

（1）将信号发生器接入放大器的输入端，向放大电路输入 1 kHz、5 mV 的正弦信号，同时将已预热的示波器接至放大电路的输出端，观察输出电压的波形。

（2）将信号发生器输入放大器的电压调大，使输出电压的不失真波形幅度最大。

（3）用毫伏表测出输入电压和输出电压，算出放大倍数，填入表 3-4 中。

表 3-4 电压放大倍数测试数据

输入信号频率 /Hz	是否加负载 R_L	输入电压	输出电压	放大倍数
1 000	否			
1 000	是			

（4）将放大器加上负载，按上述方法测出输入电压和输出电压，算出放大倍数。

（5）放大器继续接负载，按要求改变信号发生器输出信号的频率，并用毫伏表测出输入电压和输出电压，算出放大倍数，填入表 3-5 中。

表 3-5 频率特性测试数据

输入信号频率 /Hz	输入电压	输出电压	放大倍数
100			
200			
400			
1 000			
2 000			
5 000			
10 000			

3.7 实训总结

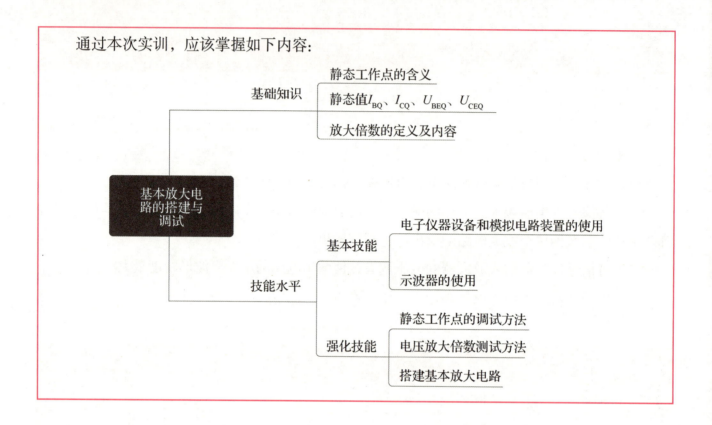

3.8 实训收获

3.9 实训评价

班级		姓名		成绩	
任务	考核内容	考核要求		学生自评	教师评分
搭建电路	元器件的检测（10分）	根据元器件的清单，识别元器件；通过检测，判断元器件的质量，坏的元器件需要及时更换			
	线路连接（10分）	能够按照实训电路图正确规范连线			
	布局（10分）	元器件布局合理			
通电测试	功能调试（10分）	学会测试并计算静态工作点			
	输出波形振荡频率（20分）	能正确使用示波器测量波形；学会通过示波器的波形计算频率；学会计算电压放大倍数			
	故障检测（10分）	能够检测并排除常见故障			
安全规范	规范（10分）	工具摆放整齐、使用规范			
	整洁（10分）	台面整洁，安全用电			
职业态度	考勤纪律（10分）	按时上课，不迟到早退；按照教师的要求动手操作；实训完毕后，关闭电源，整理工具和仪器仪表			
小组评价					
教师总评		签名：		日期：	

实训 4
分压式偏置放大电路的搭建与调试

4.1 实训目标

知识目标

（1）学会分析分压式偏置放大电路的静态工作点。
（2）掌握分压式偏置电路的工作原理。
（3）学会使用仪器仪表。
（4）学会搭建和检测电路，检测并解决电路的常见故障和波形失真。

素养目标

（1）了解我国近年来电子技术行业迅猛发展的现状。
（2）安全用电、爱护仪器设备，保持实训室环境整洁。
（3）通过分组合作完成实训，提高学生发现问题、分析问题、解决问题的能力，培养探索精神，养成团队意识和协作意识。

4.2 知识链接

分压式偏置电路是一种利用电阻分压技术，快速降低集电极电压的电路。主要由发射极电阻和集电极电阻组成，由它们两个电阻器共同来分压，改变输入电压，使集电极接收到一个容易被放大的低电压。凡有放大作用的电子器件，比如场效应管、集成电路等，都或多或少地使用到了分压式偏置电路。分压式偏置电路的构成很简单，它可以根据电路的要求快速、准确地降低集电极的电压和输入电压的变动，起到一定的稳压作用，使之处于恒偏的状态。

一、电路结构特点

如图 4-1 和图 4-2 所示,与前面介绍的共射极基本放大电路的区别在于:三极管基极接了两个分压电阻 R_{B1} 和 R_{B2},发射极串联了电阻 R_E 和电容 C_E。

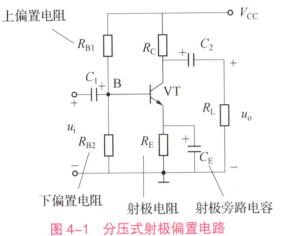

图 4-1　分压式射极偏置电路　　　　图 4-2　直流通路

1. 稳定基级静态工作电压

利用上偏置电阻 R_{B1} 和下偏置电阻 R_{B2} 组成串联分压器,为基极提供稳定的静态工作电压 U_{BQ}。

若流过 R_{B1} 的电流为 I_1,流过 R_{B2} 的电流为 I_2,则

$$I_1 = I_2 + I_{BQ}$$

如果电路满足:

$$I_2 \gg I_{BQ}$$

则基极电压为:

$$U_{BQ} \approx \frac{R_{B2}}{R_{B1} + R_{B2}} V_{CC}$$

由此可见,U_{BQ} 只取决于 V_{CC}、R_{B1} 和 R_{B2},它们都不随温度的变化而变化,所以 U_{BQ} 将稳定不变。

2. 稳定发射极静态电流

利用发射极电阻 R_E,自动使静态电流 I_{EQ} 稳定不变。

由直流通路可看出:

$$U_{BQ} = U_{BEQ} + U_{EQ}$$

式中,U_{EQ} 为发射极电阻 R_E 上的电压。

若满足:

$$U_{BQ} \gg U_{BEQ}$$

则:

$$I_{EQ} \approx \frac{U_{BQ}}{R_E}$$

可见静态电流 I_{EQ} 也是稳定的。

综上所述，如果电路能满足 $I_2 \gg I_{BQ}$ 和 $U_{BQ} \gg U_{BEQ}$ 这两个条件，那么静态工作电压 U_{BQ}、静态工作电流 I_{EQ}（或 I_{CQ}）将主要由外电路参数 V_{CC}、R_{B1} 和 R_{B2} 和 R_E 决定，与环境温度、三极管的参数几乎无关。

二、静态工作点稳定原理

从物理过程来看，如温度升高，Q 点上移，I_{CQ}（或 I_{EQ}）将增大，而 U_{BQ} 是由电阻 R_{B1}、R_{B2} 分压固定的，I_{EQ} 的增大将使外加于三极管的 $U_{BEQ} = U_{BQ} - I_{EQ}R_E$ 减小，从而使 I_{BQ} 自动减小，结果限制了 I_{CQ} 增大，使 I_{CQ} 基本恒定。以上变化过程可表示为：

温度升高（$t\uparrow$）$\rightarrow I_{CQ}\uparrow$（$I_{EQ}\uparrow$）$\rightarrow U_{BEQ} = (U_{BQ} - I_{EQ}R_E)\downarrow \rightarrow I_{BQ}\downarrow \rightarrow I_{CQ}\downarrow$

可见这种分压式偏置电路能稳定工作点的实质是利用发射极电阻 R_E，将电流 I_{EQ} 的变化转换为电压的变化，加到输入回路，通过三极管基极电流的控制作用，使静态电流 I_{CQ} 稳定不变，集电极电压 U_{CEQ} 也稳定不变，即静态工作点稳定不变。

4.3 实训要求

本任务以小组为单位，通过知识点的学习能够了解分压式偏置放大电路的构成，通过对共射极放大电路原理分析，进行电路搭建和故障排除。能够利用万用表测静态工作点，做好记录，并画出各部分波形图。整个过程要求团队协作、严谨细致、主动探索、严格规范。

（1）学会分析分压式偏置放大电路的静态工作点。

（2）掌握测量静态工作点的方法。

（3）学会分析分压式偏置电路的工作原理。

（4）学会使用信号发生器给放大电路提供合适的输入信号。

（5）学会使用示波器测量放大电路的输出波形。

（6）学会绘制波形，学会检测电路的常见故障。

（7）掌握波形失真的原因并学会解决波形失真问题。

（8）熟悉整个实训步骤及数据记录和任务评价的填写。

（9）电路通电前应由电子设计工程师和实习指导教师检验。

4.4 实训分组

采用扑克牌分组法，4 人一组，对班级学生进行分组，4 人分别担任项目经理（组长）、电子设计工程师、电子安装测试员和项目验收员角色。分组完成后，有序坐好，小组讨论制定组名、组训和小组 LOGO，营造小组凝聚力和文化氛围，并确定任务分工，项目经理完成表 4-1 的填写。

表 4-1　项目分组表

组名				
组训			小组 LOGO	
团队成员	学号	角色指派	职责	
		项目经理	统筹计划、进度，安排工作对接，解决疑难问题	
		电子设计工程师	进行电子线路设计	
		电子安装测试员	进行电器安装，配合电气工程师进行调试	
		项目验收员	根据任务书、评价表对项目功能情况进行打分评价	

任务实施过程中，采用班组轮值制度，学生轮值担任组长、电子设计工程师等角色，每个人都有锻炼组织协调项目管理、项目设计、项目安装调试和项目验收能力的机会。通过小组协作，培养学生团队合作、互帮互助精神和协同攻关能力。

4.5 元器件清单

元器件清单见表 4-2。

表 4-2　元器件清单

序号	文字符号	元器件名称及规格	数量	外观
1	VT	三极管 9011（NPN 型三极管）	1	
2	R_{B1}	电阻 240 kΩ	1	
3	R_{B2}	电阻 240 kΩ	1	
4	R_C，R_L	电阻 2.7 kΩ	2	
5	R_E	电阻 1 kΩ	1	

续表

序号	文字符号	元器件名称及规格	数量	外观
6	C_1，C_2	电解电容 16 V/10 μF	2	
7	C_E	电解电容 16 V/47 μF	1	
8	R_P	可调电阻 100 kΩ	1	
9		面包板 MB-102	1	
10		指针式万用表 MF-47	1	
11		数字式万用表 胜利 VC9805A	1	
12		函数信号发生器 PT5203	1	
13		示波器 MOS640FG	1	

4.6 实训实施

根据电路的要求，对电子元器件的检测、电路的设计、安装、电压参数的测量、静态工作点的设定、各种电器参数的测量等进行全面实训，以达到该技能模块的完全掌握，分压式偏置放大电路原理图如图 4-3 所示。

一、实训前准备

（1）准备好实训工具。

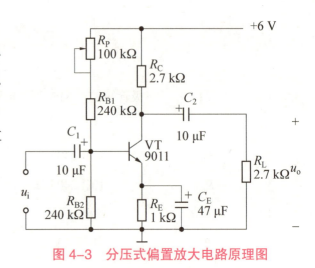

图 4-3 分压式偏置放大电路原理图

（2）准备好实训所需元器件，如各种阻值的电阻、完好的三极管等。

二、搭建并调试分压式偏置放大电路

测量其静态工作点及主要参数，用示波器观察输出电压的波形，排除相应的故障。

（一）用面包板搭建电路

1. 元器件装配工艺要求

电阻采用水平安装，三极管、电解电容采用立式安装，元件体紧贴面包板。

2. 布局要求

按照原理图一字形排列，三极管放在面包板的中间位置，左输入、右输出，每个安装孔只插入一个元件引脚，元器件水平或垂直放置。

3. 布线要求

按电路原理图布线，导线长度适中，接线时注意区分电解电容器的极性、三极管的引脚。

（二）通电测试

1. 检查电路

检查电路布局和电路连接情况。

2. 接通电源

检查电路无误后，接通电源。

3. 接通电源，测量静态工作点

V_{CC} 选用 +6 V 电源供电，用万用表测量电路的静态工作点，将黑表笔接地，红表笔分别接三极管的三个极，然后将测量结果填入表4-3中。

表4-3 静态工作点测量

电压	测量结果	电流	计算结果
U_{BQ}		I_{BQ}	
U_{CEQ}		I_{CQ}	
U_{EQ}			

（三）测量电压放大倍数

（1）将信号发生器接入放大器的输入端，向放大电路输入 1~1.5 kHz、5~10 mV 的正弦信号，同时将已预热的示波器接至放大电路的输出端，观察输出电压的波形，并用双踪示波器观察 u_o 和 u_i 的相位关系，记入表4-4中。

表 4-4 放大倍数测量

R_L/kΩ	U_i/V	U_o/V	A_u 放大倍数	观察记录一组 u_o、u_i 波形
空载				
2.7 kΩ				

（2）观察静态工作点对输出波形失真的影响。逐步加大输入信号，使输出电压 u_o 足够大但不失真，然后保持输入信号不变，分别增大、减小 R_P，使波形出现失真，绘出 u_o 的波形，并测出失真情况下的 i_C 和 U_{CE} 值，记入表 4-5 中。

表 4-5 静态工作点对输出波形失真的影响

i_C/mA	U_{CE}/V	u_o 波形	失真情况	三极管工作状态

(3) 输入信号对输出波形的影响。

先将静态工作点调在交流负载线的中点，即增大输入信号的幅度，并同时调节 R_P，用示波器观察 u_o，使输出波形同时出现波峰和波谷被削平的现象，如图4-4所示。

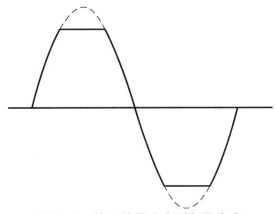

图4-4　输入信号太大引起的失真

反复调整输入信号，使波形输出幅度最大，且无明显失真时，测量表4-6中所示参数并记录到表4-6中。

表4-6　输入信号对输出波形的影响

I_C/mA	U_{im}/mV	U_{om}/V	U_{opp}/V

(4) 断开电容 C_E，用毫伏表、示波器测量放大器的输出电压，观察电容 C_E 对电路电压放大倍数的影响，分析其原因。

三、故障检测、分析及故障的排除

1. 无输出信号

首先检查电源、示波器及连线是否出现故障。

测量放大器的直流供电电压，若不正常，检查供电电源线或连线。

测量放大器的静态工作点，用万用表直流电压挡检测三极管发射极、基极、集电极对地电压，判断三极管是否在放大工作状态，若不在放大工作状态，说明直流通路有故障，需进一步检测并排除。

2. 输出信号产生非线性失真

若输出信号正负半周被削平，则衰减输入信号。

若输出信号正半周被削平，调节 R_P，则提高静态工作点。

若输出信号负半周被削平，调节 R_P，则降低静态工作点。

3. 有输出信号，但输出信号偏小

先检查电源、三极管有无损坏，若正常，则检查发射极耦合电容，若损坏，则更换电容。

4.7 实训总结

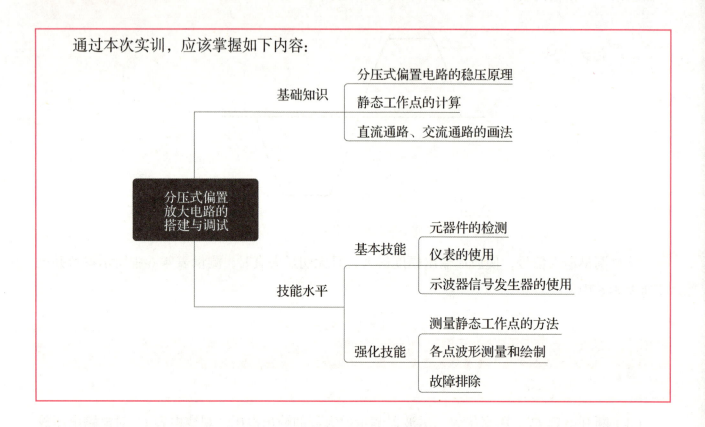

4.8 实训收获

4.9 实训评价

班级		姓名		成绩	
任务	考核内容	考核要求		学生自评	教师评分
搭建电路	元器件的检测（10分）	根据元器件的清单，识别元器件；通过检测，判断元器件的质量，坏的元器件需要及时更换。			
	布局、线路连接（10分）	合理布局，并能按照实训电路图正确、规范地连线			
通电测试	功能调试（10分）	R_L端有信号输出			
	静态工作点测试（10分）	用万用表测量静态工作点			
	电路参数调整（10分）	观察静态工作点对输出波形的影响；学会绘制输出波形；学会分析失真波形的原因			
	故障检测（10分）	能够检测并排除常见故障			
安全规范	规范（10分）	工具摆放整齐、使用规范			
	整洁（10分）	台面整洁，安全用电			
职业态度	考勤纪律（10分）	按时上课，不迟到早退；按照教师的要求动手操作；实训完毕后，关闭电源，整理工具和仪器仪表			
小组评价					
教师总评		签名：		日期：	

实训 5
搭建集成运放 μA741 应用电路

5.1 实训目标

知识目标

（1）掌握集成运放的功能和集成运放简单电路的设计。
（2）学会使用示波器对电路波形进行检测。
（3）学会搭建反相输入电路，并会测量其相关参数。
（4）学会搭建同相输入电路，并会测量其相关参数。

素养目标

（1）了解集成运放的发展史和我国近年来电子技术行业迅猛发展的现状。
（2）安全用电、爱护仪器设备，保持实训室环境整洁。
（3）通过分组合作完成实训，提高学生发现问题、分析问题、解决问题的能力，培养探索精神，养成团队意识和协作意识。

5.2 知识链接

一、运算放大器的历史

运算放大器（简称运放）最早被设计出来的目的是用来进行加、减、微分、积分的模拟数学运算，因此被称为"运算放大器"。同时它也成为实现模拟计算机的基本建构单元。然而，理想运算放大器在电路系统设计上的用途却远超过加减等的计算。现在的运算放大器不仅能做简单的运算，还具有各种特殊功能，但本质离不开对信号的运算和放大。例如：电流检测放大器、仪表放大器、程控增益放大器等功能放大器。

19 世纪 60 年代晚期，仙童半导体推出了第一个被广泛使用的集成电路运算放大器，型号为 μA709，设计者则是鲍伯·韦勒（Bob Widlar）。但是 μA709 很快被随后而来的新产品 μA741 所取代，μA741 有着更好的效能，更为稳定，也更容易使用。μA741 运算放大器成了微电子工业发展历史上的一个里程碑式，历经了数十年的演进仍然没有被取代，很多集成电路的制造商至今仍然在生产 μA741。但事实上，后来仍有很多效能比 μA741 更好的运算放大器出现，利用新的半导体器件，如 19 世纪 70 年代的场效应晶体管或是 19 世纪 80 年代早期的金属氧化物半导体场效应晶体管等。这些器件常常能直接使用在 μA741 的电路架构中，而获得更好的效能。

二、μA741 集成运放的结构

μA741 集成运放的外观，如图 5-1 所示。

了解运算放大器的内部电路，对于使用者在遭遇应用上的限制而导致无法达成系统设计规格时，非常有帮助。虽然各家厂商推出的运算放大器性能与规格互有差异，但是一般而言标准的运算放大器都包含差动输入级、增益级、输出级三个部分，如图 5-2 所示。

图 5-1　μA741 实物图

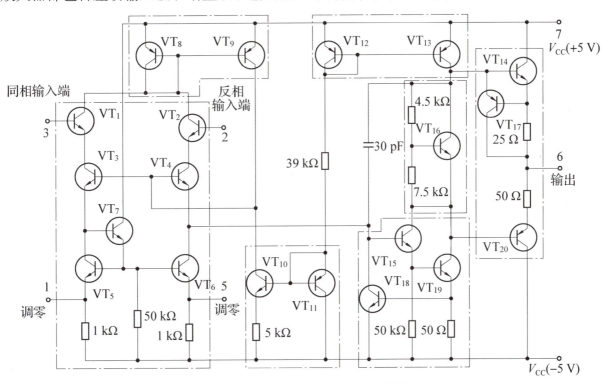

图 5-2　μA741 集成运放的内部结构图

差动输入级：以差分放大器作为输入级，提供高输入阻抗以及低噪声放大的功能。

增益级：运算放大器电压增益的主要来源，将输入信号放大转为单端输出后送往下一级。

输出级：输出级的需求包括低输出阻抗、高驱动力、限流以及短路保护等功能。

其他在运算放大器内必备的电路还包括提供各级电路参考电流的偏置电路。

5.3 实训要求

本任务以小组为单位,通过知识点的学习能够识别 μA741 的历史及引脚识别,熟练进行电路搭建和故障排除。能够利用示波器完成电路中各部分波形检验,做好记录并画出各部分波形图。整个过程要求团队协作、严谨细致、主动探索、严格规范。

(1)掌握集成运放的功能原理。
(2)学会集成运放简单电路的设计。
(3)学会使用示波器对电路波形进行检测。
(4)学会搭建反相输入电路。
(5)学会搭建同相输入电路。
(6)学会测量集成运放相关参数。

5.4 实训分组

采用扑克牌分组法,4人一组,对班级学生进行分组,4人分别担任项目经理(组长)、电子设计工程师、电子安装测试员和项目验收员角色。分组完成后,有序坐好,小组讨论制定组名、组训和小组LOGO,营造小组凝聚力和文化氛围,并确定任务分工,项目经理完成表5-1的填写。

表 5-1 项目分组表

组名		小组 LOGO	
组训			
团队成员	学号	角色指派	职责
		项目经理	统筹计划、进度,安排工作对接,解决疑难问题
		电子设计工程师	进行电子线路设计
		电子安装测试员	进行电气安装,配合电气工程师进行调试和测试
		项目验收员	根据任务书、评价表对项目功能情况进行打分评价

元器件清单

元器件清单见表 5-2。

表 5-2　元器件清单表

名称	型号	数量	备注
双踪示波器	MOS640FG	1	
指针式万用表	MF-47	1	
模拟电路实验台		1	
元器件	μA741 套件	1	
面包板	MB-102	1	

实训实施

一、实训前准备

（1）准备好实训工具。

（2）准备好实训所需元器件，完成表 5-3 的填写。

表 5-3　元器件检查表

名称	型号	数量	备注

二、查阅资料

绘制 μA741 集成运放的引脚图，并说明每个引脚的功能。

（1）在下框中绘制 μA741 集成运放的引脚图。

（2）在表 5-4 中写出 μA741 集成运放各引脚的功能。

表 5-4 引脚功能表

引脚	功能	引脚	功能
1		5	
2		6	
3		7	
4		8	

三、电路搭建

（一）反相输入电路的搭建

（1）根据反相输入电路的电路图指导学生按照电路图连接电路，并确保正确的电源接入和接地。

（2）提供关于电路连接和线路布局的建议，以确保信号的稳定和减少干扰。

（3）反相输入电路的参数测量：

①测量反相输入电路的增益。

②指导学生使用函数信号发生器提供输入信号，并使用示波器测量输入和输出信号的幅度。

③解释如何计算反相输入电路的增益，并指导学生记录测量结果。

（二）同相输入电路的搭建

（1）根据同相输入电路的电路图，指导学生按照电路图连接电路，并确保正确的电源接入和接地。

（2）提供关于电路连接和线路布局的建议，以确保信号的稳定和减少干扰。

（3）同相输入电路的参数测量：

①测量同相输入电路的增益。

②指导学生使用函数信号发生器提供输入信号，并使用示波器测量输入和输出信号的幅度。

③解释如何计算同相输入电路的增益，并指导学生记录测量结果。

四、搭建并调试反相比例放大电路

（一）搭建 μA741 反相比例放大电路

μA741 反相比例放大电路如图 5-3 所示。

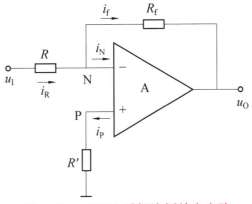

图 5-3　μA741 反相比例放大电路

1.元器件装配工艺要求

电阻采用水平安装，集成运算放大器紧贴面包板安装。

2.布局要求

如图 5-4 所示，μA741 放置在中间位置，按照原理图左输入、右输出，每个安装孔只插入一个元件引脚，元器件水平或垂直放置。

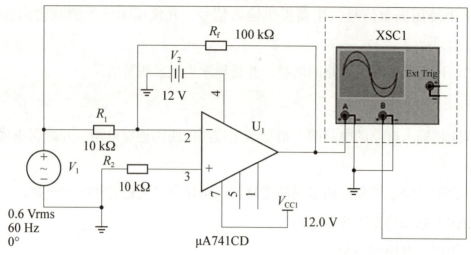

图 5-4 面包板示意图（反相输入）

3.布线要求

按电路原理图布线，导线长度适中，接线时注意区分电解电容器的极性、三极管的引脚。

（二）接入直流电源

检查无误后接入 ±12 V 直流电源。

（三）输入不用电压值进行测量

在反相输入端输入 u_I，按照表 5-5 中的数据进行测量，并记录数据。

（四）估算输出电压值

按照表 5-5 中的输入电压，用反相比例放大电路公式 $u_O = -[(R_f/R_1) u_I]$，估算相应的输出电压，并记录数据到表 5-5 中。

表 5-5 电压测试表（反相输入）

输入电压 u_I/V		-0.5	-0.9	0.5	0.9
输出电压 u_O	实测值				
	估算值				

（五）绘制波形图

任选一输入电压，用示波器观察波形，并绘制输入输出波形图。

五、搭建并调试同相比例放大电路

（一）搭建要求

同相比例放大电路如图5-5所示，在面包板上搭建μA741同相比例放大电路，搭建过程中遵循以下工艺要求。

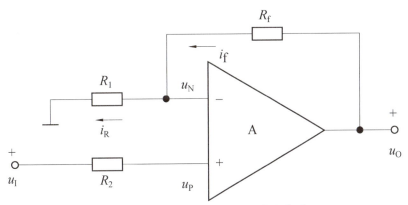

图5-5　μA741同相比例放大电路

1.元器件装配工艺要求

电阻采用水平安装，集成运算放大器紧贴面包板安装。

2.布局要求

如图5-6所示，将μA741放置在中间位置，按照原理图左输入、右输出，每个安装孔只插入一个元件引脚，元器件水平或垂直放置。

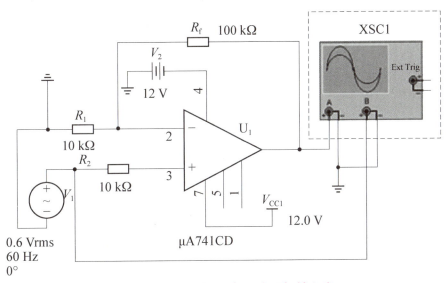

图5-6　面包板示意图（同相输入）

3.布线要求

按如图5-6所示电路原理图进行布线，导线长度适中，接线时注意区分电解电容器的极性、三极管的引脚。

（二）接入直流电源

检查电路后接入 ±12 V 直流电源。

（三）输入不同电压值进行测量

在同相输入端输入 u_I，按照表 5-6 中的数据进行测量，并记录数据到表 5-6 中。

表 5-6　电压测试表（同相输入）

输入电压 u_I/V		-2	-4	2	4
输出电压 u_O	实测值				
	估算值				

（四）估算输出电压值

按照表 5-6 中的输入电压，用同相比例放大电路公式 $u_O = \left(1 + \dfrac{R_f}{R_1}\right) u_I$，估算相应的输出电压，并记录数据。

（五）绘制波形图

任选一输入电压，用示波器观察波形，并绘制输入输出波形图。

 实训总结

通过本次实训，应该掌握如下内容：

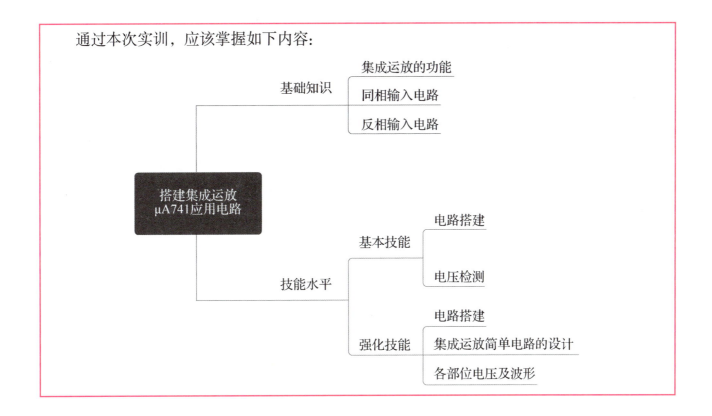

 实训收获

5.9 实训评价

班级		姓名		成绩	
任务	考核内容	考核要求		学生自评	教师评分
搭建电路	元器件的检测（10分）	根据元器件的清单，识别元器件；通过检测，判断元器件的质量，坏的元器件需要及时更换			
	线路连接（10分）	能够按照实训电路图正确、规范地连线			
	布局（10分）	元器件布局合理			
通电测试	功能调试（10分）	学会测试输出电压			
	输出波形振荡频率（20分）	能正确使用示波器测量波形；学会通过示波器的波形计算频率；学会计算电压放大倍数			
	故障检测（10分）	能够检测并排除常见故障			
安全规范	规范（10分）	工具摆放整齐、使用规范			
	整洁（10分）	台面整洁，安全用电			
职业态度	考勤纪律（10分）	按时上课，不迟到早退；按照教师的要求动手操作；实训完毕后，关闭电源，整理工具和仪器仪表			
小组评价					
教师总评		签名：		日期：	

实训 6

音频功放电路的安装与调试

6.1 实训目标

（1）能够准确运用万用表进行元器件的检测。
（2）掌握迷你小音箱电路的正确安装、焊接和调试方法。
（3）熟练掌握音频功放电路的安装和调试技巧。

素养目标

（1）了解音频功放的发展史和我国近年来电子技术行业迅猛发展的现状。
（2）安全用电、爱护仪器设备，保持实训室环境整洁。
（3）通过分组合作完成实训，提高学生发现问题、分析问题、解决问题的能力，培养探索精神，养成团队意识和协作意识。

6.2 知识链接

一、音频功放电路知识介绍

如图 6-1 所示是音频功放电路的组成框图。

这是一个多级放大器，由最前面的电压放大级、中间的推动级和最后的功放输出级共三级电路组成。常见的音频功放主要有 OTL、OCL 和 BTL。根据功放输出三极管在放大信号时的工作状态和三极管静态电流的大小进行划分，常见放大器分为甲类、乙类和甲乙类 3 种。

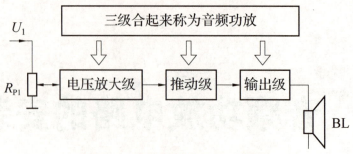

图 6-1 音频功放电路组成框图

二、音频功放中各单元的作用

1. 电压放大级

用来对输入信号进行电压放大，使加到推动级的信号电压达到一定的程度。根据机器对音频输出功率要求的不同，电路放大器的级数不等，可以只有一级电压放大器，也可以采用多级电压放大器。

2. 推动级

用来推动功放输出级，以对信号电压和电流进行进一步放大，有的推动级还要完成输出两个大小相等、方向相反的推动信号。推动放大器也是电压、电流放大器，它工作在大信号放大状态下。

3. 输出级

用来对信号进行电流放大。电压放大级和推动级对信号电压已进行了足够的电压放大，输出级再进行电流放大，以达到对信号功率放大的目的，这是因为输出信号功率等于输出信号电流与电压之积。

6.3 实训要求

本任务以小组为单位，通过学习音频功放电路原理分析，熟练进行电路搭建和故障排除。整个过程要求团队协作、严谨细致、主动探索、严格规范。

（1）能够准确运用万用表进行元器件的检测。

（2）能够独立识读电路图。

（3）掌握迷你小音箱电路的正确安装、焊接和调试方法。

（4）熟练掌握音频功放电路的安装和调试技巧。

（5）掌握常见故障的分析解决方法。

6.4 实训分组

采用扑克牌分组法，4人一组，对班级学生进行分组，4人分别担任项目经理（组长）、电子设计工程师、电子安装测试员和项目验收员角色。分组完成后，有序坐好，小组讨论制定组名、组训和小组LOGO，营造小组凝聚力和文化氛围，并确定任务分工，项目经理完成表6-1的填写。

表6-1 项目分组表

组名			小组LOGO	
组训				
团队成员	学号	角色指派	职责	
		项目经理	统筹计划、进度，安排工作对接，解决疑难问题	
		电子设计工程师	进行电子线路设计	
		电子安装测试员	进行电器安装，配合电气工程师进行调试和测试	
		项目验收员	根据任务书、评价表对项目功能情况进行打分评价	

6.5 元器件清单

元器件清单见表6-2。

表6-2 元器件清单表

名称	型号	PCB标识	数量
电阻	4.7 kΩ	R_1、R_2、R_3	3
集成电路	TDA2822A	TDA2822A	1
集成电路插座	8P	TDA2822A	1
瓷片电容	104	C_1、C_2、C_7	3
LED灯	绿色3 mm	LED	1
双联电位器	50 kΩ	R_P	1
电解电容	100 μF	C_3、C_4、C_5、C_6	4
电解电容	470 μF	C_8	1

续表

名称	型号	PCB 标识	数量
接线座	3P	X_2	1
接线座	2P	X_3	1
耳机插座		X_1	1
PCB	40/50		1
扬声器	高阻		2
双踪示波器	MOS640FG		1
指针式万用表	MF-47		1
模拟电路实验台			1
电烙铁			1
烙铁支架			1
烙铁棉			1
镊子			1
吸锡器			1
剥线钳			1
斜口钳			1
螺钉旋具			1
1.5 V 七号电池			4
松香助焊剂			1
焊锡丝			1
细导线			若干

6.6 实训实施

一、实训前准备

（1）准备好实训工具。

（2）完成元器件的识别与检测。

二、电子元器件的安装与焊接

（一）安装电阻和电容

按照电路原理图（见图6-2）将电阻插装到电路板相应位置上，根据焊接工艺要求将引脚焊接到电路板上，然后剪断剩余的引线，留下约1 mm的距离。将标有104的3个瓷片电容（无极性）安装在电路板的 C_1、C_2、C_7 位置上。再将5个电解电容（长脚为正极）安装在电路板的 C_3、C_4、C_5、C_6、C_8 位置上。根据焊接工艺要求将引脚焊接到电路板上，然后剪断剩余的引线，如图6-3所示。

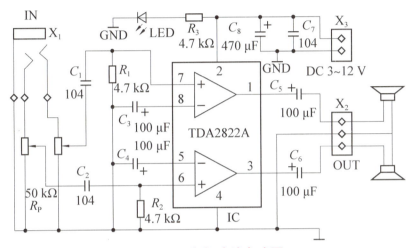

图6-2 音频功放电路图

图6-3 焊接完成图

（二）安装集成电路等器件

将TDA2822A安装在IC的位置，将电位器安装在VR1的位置，将DC插座安装在DC的位置，将开关安装在K的位置。然后按照焊接工艺要求将引脚焊接到印制电路板的覆铜面上。

（三）焊接引线

焊接立体声插头线、扬声器引线、电源引线、跨过线，如图6-4所示。

1. 焊接立体声插头线

将立体声插头的三根线直接焊接在印制电路板的覆铜面上。其中，金色线为接地线（GND），红色线和绿色线分别连接左声道入线（L-IN）和右声道入线（R-IN）。

2. 焊接扬声器引线

使用两组排线，将红色线的一端分别连接到电路板的R+和L+引脚，将黑色线的一端分别连接到电路板的R-和L-引脚，另一端分别连接到两个扬声器的"+"极和"-"极。

图6-4 连线图

3. 焊接电源引线和跨过线

将红色和黑色导线分别从电池正极（BAT+）和负极（BAT-）穿过印制电路板的正面，然后将导线头焊接到覆铜面上。可以使用剪下的多余引脚或短线来安装连接器 J_1，并在覆铜面上进行焊接。请参考图示进行焊接。

三、电路调试及整机安装

1. 安装发光二极管并固定电路板

在安装发光二极管时，应对准机壳上的凹槽，将引脚弯曲至与外壳高度一致，如图 6-5 所示。安装完成后，使用螺钉将电路板固定在机壳上。

2. 组装电池盒

将电池片安装到机壳内。

3. 连接扬声器和电池盒

连接扬声器和电池盒与电路板的引线。使用螺钉将扬声器固定好，如图 6-5 所示。

4. 安全检查

根据原理图进行安全检查：

（1）检查是否有漏装的元器件或连接导线。

（2）检查二极管和电解电容的极性安装是否正确。

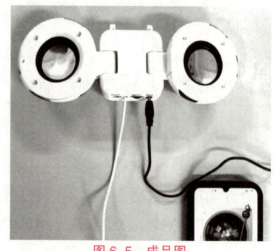

图 6-5 成品图

5. 通电检测

（1）将直流电源连接到电路板的 DC 插座，输入 6 V 的直流电源，或者在电池盒内放入 4 节 1.5 V 七号电池（注意电池的极性）。

（2）将小音箱的开关拨到"ON"，指示灯应亮起。

（3）输入音频信号，应有音频输出，可以通过调节电位器来提升或降低音量。

6. 整机装配

在确保电路工作正常后，进行整机装配：使用滑动片将扬声器固定在电池盒的背面，安装电池盒盖，完成整机的组装，如图 6-5 所示。

四、常见故障及处理方法

1. 无输出

（1）若电源指示灯不亮，整机不工作：检查电源电路和电源插座是否存在焊接短路问题，重新处理焊点。

（2）若电源指示灯亮，整机不工作：检查电位器是否存在焊接短路问题，重新处理焊点。

2. 有输出

（1）若电源指示灯不亮，音频输出正常：检查发光二极管的极性是否正确安装，若正确安装，则检测发光二极管是否损坏；若损坏，需要更换发光二极管。

（2）若电源指示灯正常，但音频输出音量较小，调节电位器没有明显效果：检查电解电容的正确安装情况，检测电容器 C_1、C_2、C_5、C_6 是否出现漏电或损坏；若损坏，需要更换电容器。

3. 输出有杂音

检查焊接质量，清除焊点中的杂质。

6.7 实训总结

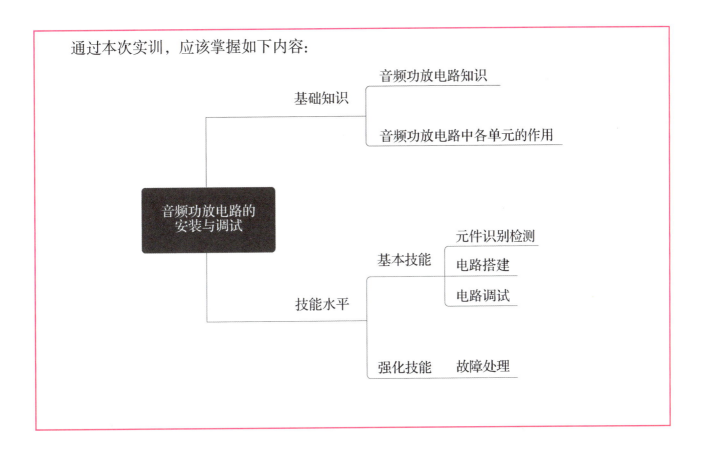

6.8 实训收获

6.9 实训评价

班级		姓名		成绩	
任务	考核内容	考核要求		学生自评	教师评分
搭建电路	元器件检测（30分）	根据元器件的清单，识别元器件；通过检测，判断元器件的质量，坏的元器件需要及时更换			
	线路连接（25分）	能够按照实训电路图正确、规范地连线			
	布局（15分）	元器件布局合理			
安全规范	规范（10分）	工具摆放整齐、使用规范			
	整洁（10分）	台面整洁，安全用电			
职业态度	考勤纪律（10分）	按时上课，不迟到早退；按照教师的要求动手操作；实训完毕后，关闭电源，整理工具和仪器仪表			
小组评价					
教师总评		签名：		日期：	

实训 7

串联型直流稳压电源的安装与调试

7.1 实训目标

实训 7 串联型直流稳压电源的测试

知识目标

（1）能独立学习直流稳压电源的部分内容。
（2）能明确复合管、稳压管的特性。
（3）能用指针式万用表和数字式万用表对电路所使用元件进行检测。
（4）能独立焊接串联型直流稳压电源电路。
（5）能结合故障现象进行故障原因的分析与排除。
（6）能用示波器检测电路各端波形。
（7）能完成实训内容及步骤中所要求的各种表格。

素养目标

（1）了解稳压电源的发展史和我国近年来电子技术行业迅猛发展的现状。
（2）安全用电、爱护仪器设备，保持实训室环境整洁。
（3）通过分组合作完成实训，提高学生发现问题、分析问题、解决问题的能力，培养探索精神，养成团队意识和协作意识。

7.2 知识链接

一、直流稳压电源

直流稳压电源在电视、计算机等领域应用广泛。它通常采用电网提供的 50 Hz 交流电经过电源变压器、整流电路、滤波电路和稳压电路后而得到，如图 7-1 所示。

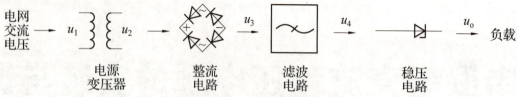

图 7-1　直流稳压电源原理框图

（1）电源变压器：通常将电网供给的交流电压（220 V，50 Hz）变换为符合整流电路所需的较低的交流电压。一般要求变压器副边电压应高于所需直流电压的 1.2~1.5 倍。输入输出电压波形如图 7-2 所示。

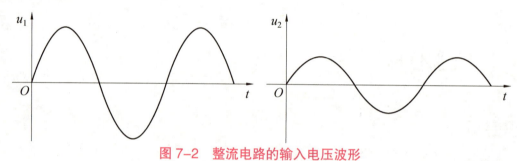

图 7-2　整流电路的输入电压波形

（2）整流电路：主要利用二极管的正向导通、反向截止的原理，将变压器副边交流电压整流为脉动直流电压。实际电路多采用桥式整流电路，输出如图 7-3 所示。

（3）滤波电路：利用电容和电感的充放电储能原理，将波动变化较大的脉动直流中的交流分量滤掉，得到比较平滑的直流电。小型直流稳压电源多采用电容滤波，输出如图 7-4 所示。

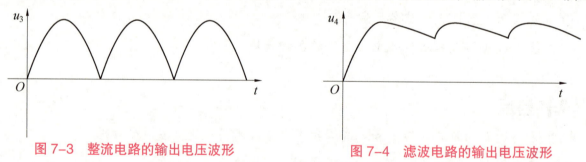

图 7-3　整流电路的输出电压波形　　　　图 7-4　滤波电路的输出电压波形

（4）稳压电路：作用是输出稳定的直流电压。它是直流稳压电源的核心。整流滤波后的电压虽然已是直流电压，但它还是会随输入电网的波动或负载的变化而变化，是一种电压值不稳定的直流电压，而且纹波系数也较大，所以必须加入稳压电路。小型直流电源一般采用 78 系列三端稳压集成电路或可调式稳压集成电路 LM317，稳压效果如图 7-5 所示。

直流稳压电源不仅可以是独立的一台设备，也可以是电子电路中的一个组成部分。

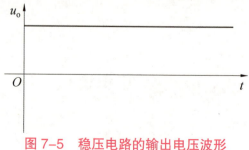

图 7-5　稳压电路的输出电压波形

二、直流稳压电源的工作原理

稳压电路如图 7-6 所示。

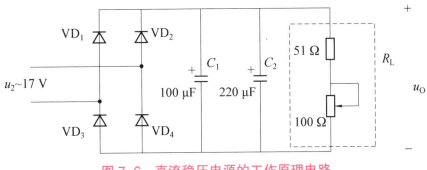

图 7-6 直流稳压电源的工作原理电路

电路中，$VD_1 \sim VD_4$ 组成桥式整流电路，VD_2 与 VD_4 之间没有连接时为半波整流，半波整流的输出电压 u_O 为

$$u_O = \frac{\sqrt{2}}{\pi} U_2 = 0.45 U_2$$

当 VD_2 与 VD_4 连接时为全波整流，桥式整流（全波）的输出电压 u_O 为

$$u_O = 2\frac{\sqrt{2}}{\pi} U_2 = 0.9 U_2$$

电容 C_1、C_2 起滤波作用，滤波电容的大小对滤波效果有不同的影响，一般电容越大，滤波效果越好。

电容滤波的输出电压取决于放电时间常数 $\tau_{放} = R_L C$ 的大小，$\tau_{放}$ 越大，输出电压脉动越小，电压平均值越高。为此，应选择容量较大的电容器做滤波电容。在实际电路中，可参照以下公式选择电容的容量：

$$\tau_{放} = R_L C \geq (3 \sim 5)\frac{T}{2}$$

式中，T 为电网交流电压的周期。

电容的耐压值应大于 $\sqrt{2} U_2$。

当电路中电容器的选择满足上述要求时，输出电压平均值为

$$U_{O(AV)} = 1.2 U_2$$

实际电路中，可参照下式选择二极管：

$$I_F \geq (2 \sim 3)\frac{1}{2} I_O$$

其最大反向工作电压一般为 $U_R \geq U_{RM} = \sqrt{2} U_2$。

三、常见集成稳压器

随着半导体工艺的发展，稳压电路也制成了集成器件。由于集成稳压器具有体积小、外接

线路简单、使用方便、工作可靠和通用性等优点，因此在各种电子设备中应用十分普遍，基本上取代了由分立元件构成的稳压电路。集成稳压器的种类很多，应根据设备对直流电源的要求进行选择。对于大多数电子仪器、设备和电子电路来说，通常是选用串联线性集成稳压器。在这种类型的器件中，又以三端式稳压器应用最为广泛。

目前常用集成稳压电路为 78 系列（正电压）和 79 系列（负电压）集成稳压器，其输出电压是固定的，在使用中不能调整。集成稳压器有 7805（+5 V）、7809（+9 V）、7812（+12 V）、7815（+15 V）及 7905（-5 V）、7909（-9 V）、7912（-12 V）、7915（-15 V）等常用型号。可调式稳压电路常用 7805 和 LM317 两种形式的电路，其外形如图 7-7 所示。

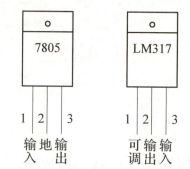

图 7-7　7805 与 LM317 的电路外形图

以 LM317 为例，其典型的应用电路如图 7-8 所示。LM317 内部的基准电压 U_{21} 为 1.25 V，有 50 μA 的恒定电流由调整端流出。若调整端接地，则电路为一个输出电压为 1.25 V 的固定式三端稳压器。按图 7-8 接线，则 I_{R1} = 1.25（V）/R_1，I_{R2} = I_{R1} + 50（μA），此时输出电压 U_o = 1.25（V）+ $I_{R2}R_2$。调整 R_2，即可调整输出电压 U_o。R_2 称为调整电阻，电容 C 起减小输出端纹波电压的作用，而二极管 VD 提供负载短路时的放电通路，防止负载短路时 C 的充电电荷通过调整端放电，破坏基准电路而损坏稳压器。

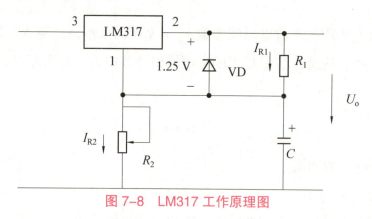

图 7-8　LM317 工作原理图

7.3　实训要求

本任务以小组为单位，小组成员扮演不同的角色，通过自主学习直流稳压电源的工作原理，完成串联型直流稳压电源电路的原理分析，完成电路搭建和焊接，并且能利用示波器对焊接完成的电路进行检测，做好记录并画出各部分波形图。整个过程要求团队协作、严谨细致、主动探索、严格规范。

（1）能够对实训所用元器件进行质量检测。

（2）掌握直流稳压电源的工作原理。

（3）掌握复合管、稳压管的特性。

（4）能独立搭建串联型直流稳压电源电路。

（5）能用指针式万用表对电路进行检测。

（6）能用数字式万用表对电路进行检测。

（7）能用示波器检测电路各端波形。

（8）能结合故障现象进行故障原因的分析与排除。

7.4 实训分组

采用扑克牌分组法，4人一组，对班级学生进行分组，4人分别担任项目经理（组长）、电子设计工程师、电子安装测试员和项目验收员角色。分组完成后，有序坐好，小组讨论制定组名、组训和小组LOGO，营造小组凝聚力和文化氛围，并确定任务分工，项目经理完成表7-1的填写。

表7-1 项目分组表

组名		小组LOGO	
组训			
团队成员	学号	角色指派	职责
		项目经理	统筹计划、进度，安排工作对接，解决疑难问题
		电子设计工程师	进行电子线路设计
		电子安装测试员	进行电子配盘，配合电气工程师进行调试
		项目验收员	根据任务书、评价表对项目功能情况进行打分评价

任务实施过程中，采用班组轮值制度，学生轮值担任组长、电子设计工程师等角色，每个人都有锻炼组织协调项目管理、项目设计、项目安装调试和项目验收能力的机会。通过小组协作，培养学生团队合作、互帮互助精神和协同攻关能力。

7.5 元器件清单

元器件清单见表7-2。

表 7-2 元器件清单

序号	文字符号	元器件名称及规格	数量	安装要求	备注
1	$VD_1 \sim VD_4$	1N4001（整流桥）	4	水平安装，紧贴电路板，剪脚留头 1 mm	
2	R_1	2 kΩ	1	水平安装；电阻体贴近电路板；剪脚留头 1 mm	
3	R_2	1 kΩ	1		
4	R_3	300 Ω	1		
5	R_4	510 Ω	1		
6	C_1	1 000 μF 电解电容	1	立式安装；电容器底部尽量贴近电路板；剪脚留头 1 mm	
7	C_2	47 μF 电解电容	1		
8	C_3	470 μF 电解电容	1		
9	VT_1	9013（NPN 型三极管）	1	立式安装	
10	VT_2	9011（NPN 型三极管）	1		
11	VT_3	9013（NPN 型三极管）	1		
12	R_P	680 Ω 微调电位器	1	立式安装，电位器底部离电路板 3 mm ± 1 mm	
13		电烙铁	1		
14		烙铁架	1		
15		助焊剂	1		
16		镊子	1		
17		小刀	1		
18		斜口钳	1		
19		万用表 MF-47	1		
20		示波器 MOS640FG	1		

根据图 7-9 所示串联型直流稳压电源电路原理图，按照工艺要求进行电路板的安装，并进行通电检测，针对故障现象进行故障原因的分析与排除。

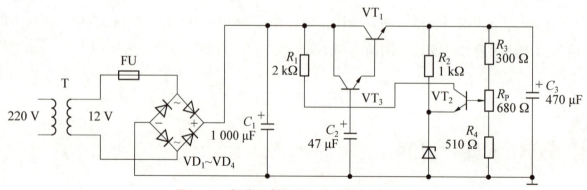

图 7-9 串联型直流稳压电源电路原理图

7.6 实训实施

一、实训前准备

（1）准备好实训工具。
（2）完成元器件的识别与检测。

二、安装电路

1. 搭建电路

按照图 7-9 中安装要求，安装电路。

2. 注意问题

（1）有极性的元件，在安装时要注意极性，切勿装错。
（2）注意元器件距离电路板的高度，没有具体说明的元器件要尽量贴近电路板。
（3）色环朝向要一致，即水平安装的第一道色环在左边，竖直安装的第一道色环在下面。
（4）无极性电容器的朝向要一致。在元件面看，水平安装的标志朝上面，竖直安装的标志朝左面。
（5）安装完毕后将 R_P 抽头置中间位置。

三、连接

将各个元件用导线连接起来，组成完整的电路。

四、调试和测试

1. 通电前检查

（1）检查电解电容的极性、二极管的极性、稳压器的安装方向、电源变压器的初次级线圈引线使用是否正确。
（2）断开电源变压器次级线圈与整流电路交流输入端的连接，用万用表电阻挡测量整流电路交流输入端电阻，检测是否存在短路。

2. 通电测试

（1）将万用表调至合适的电压挡接入电源输出端，调节电阻器 R_P，观察输出电压的变化，记录数据于表 7-3 中，确定 R_P 电阻大小对输出电压的影响。

表 7-3 记录表（一）

项目	输出电压波形	输出电压数值	说明 R_P 对输出电压的影响
P_R 增大			
R_P 减小			

（2）分别断开 C_1、C_2、C_3，用示波器观察输出电压波形，用万用表测量输出电压，将输出电压的变化记录到表 7-4 中，说明各个电容对输出电压的影响。

表 7-4 记录表（二）

项目	示波器输出电压波形	测量输出电压	说明电容对输出电压的影响
断开 C_1			
断开 C_2			
断开 C_3			

（3）断开整流电路中某一个二极管，再次测试输出电压和输出波形，并记录到表 7-5 中。

表 7-5 记录表（三）

项目	输出波形	输出电压
断开 VD_1		
断开 VD_2		
断开 VD_3		
断开 VD_4		

7.7 实训总结

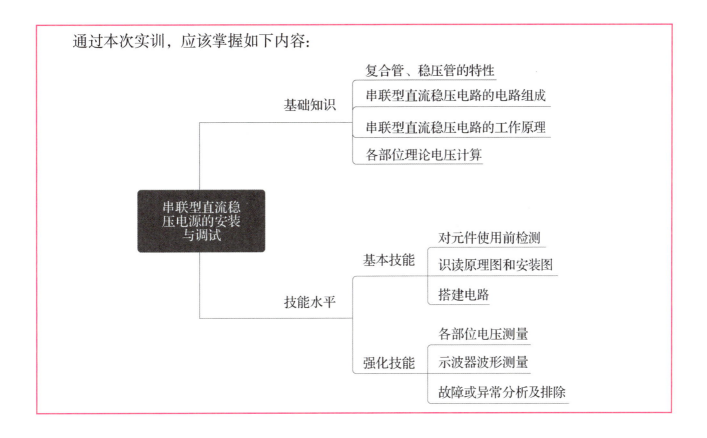

7.8 实训收获

7.9 实训评价

班级		姓名		成绩	
任务	考核内容	考核要求		学生自评	教师评分
安装电路	元器件的检测（10分）	根据元器件的清单，识别元器件；通过检测，判断元器件的质量，坏的元器件需要及时更换			
	线路连接（10分）	能按照实训电路图正确、规范地连线			
	布局（10分）	元器件布局合理			
	焊接质量（10分）	焊点圆润光滑			
通电测试	功能调试（10分）	输出电压能正常可调节			
	通电测试（20分）	能够使用示波器观察输出电压波形，能够使用万用表测量输出电压			
	故障检测（10分）	能检测并排除常见故障			
安全规范	规范（5分）	工具摆放整齐、使用规范			
	整洁（5分）	台面整洁，安全用电			
职业态度	考勤纪律（10分）	按时上课，不迟到早退；按照教师的要求动手操作；实训完毕后，关闭电源，整理工具和仪器仪表			
小组评价					
教师总评		签名：		日期：	

7.10 安全提醒

（1）直流稳压电源电路实验输入电压为 220 V 的单相交流强电，实验时必须注意人身和设备安全，必须严格按照规定操作。接线、拆线时不带电操作，测量、调试和进行故障排除时人体绝不能触碰带强电的导体。

（2）接线时必须十分认真、仔细、反复检查，确认组装和连接正确无误后才能通电测试。

（3）变压器的输出端、整流电路和稳压器的输出端都绝不允许短路，以免烧坏元器件。

实训 8

晶闸管的检测

8.1 实训目标

知识目标

（1）掌握晶闸管的结构、符号及作用，了解常用晶闸管的型号命名及含义。
（2）理解晶闸管的导通和关断条件、可控的单向导电性。
（3）能独立查找资料，了解常用晶闸管的主要参数。
（4）会根据晶闸管外形识别晶闸管的三个电极。

实训 8　晶闸管的检测

素养目标

（1）通过查找资料，了解晶闸管的应用现状和发展趋势。
（2）通过学习指针式万用表检测晶闸管的方法，用个人自学＋小组讨论的方式探究如何用数字式万用表检测晶闸管，锻炼举一反三的能力。
（3）通过分组合作，培养团队协作意识。

8.2 知识链接

一、晶闸管的外形、结构和符号

晶闸管，俗称可控硅，是一种以弱电控制强电的电子元件，是电子电路的核心元件，常用在可控整流、调压、调速、变频、逆变等电路中。

晶闸管外部有三个电极，内部是由 PNPN 四层半导体构成的，最外层的 P 层和 N 层分别引出阳极 A 和阴极 K，中间的 P 层引出门极（或称控制极）G，内部有三个 PN 结 J_1、J_2、J_3。

如表 8-1 所示为晶闸管的外形、结构和符号，文字符号用 V（或 VT）表示。

表 8-1　晶闸管的外形、结构和符号

外形	结构	图形符号
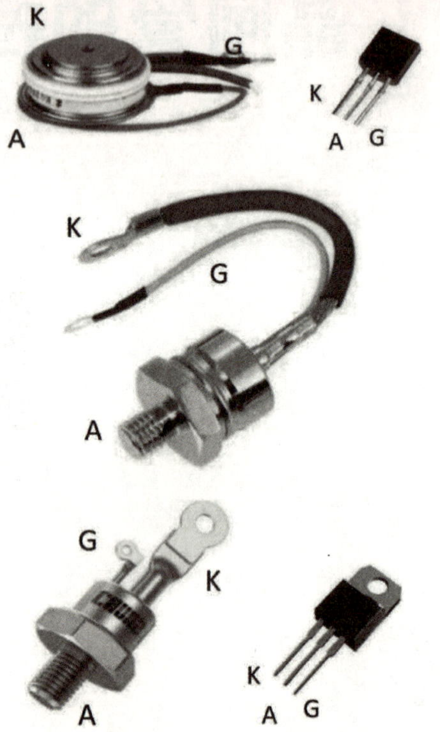	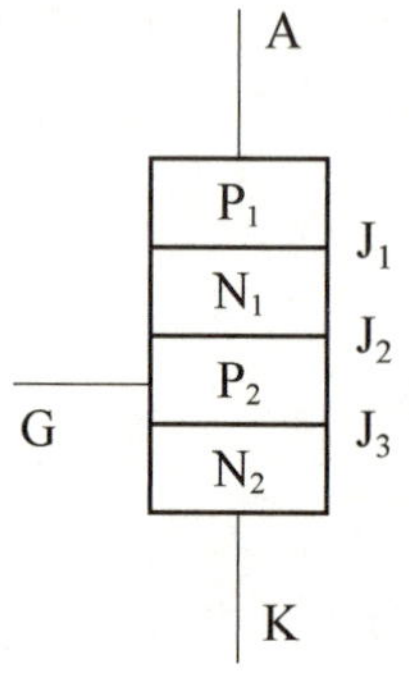	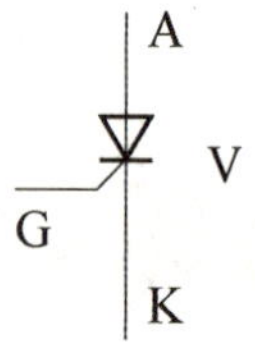

二、晶闸管的工作特性

晶闸管具有可控的单向导电性，具体特性见表 8-2。

表 8-2　晶闸管的工作特性

项目	说明
导电特点	（1）晶闸管具有单向导电特性； （2）晶闸管的导通是通过门极控制的（晶闸管导通后，门极失去控制作用）
导通条件	（1）阳极与阴极间加正向电压； （2）门极与阴极间加正向电压（这个电压称为触发电压） （以上两个条件，必须同时满足，晶闸管才能导通）
关断条件	（1）降低阳极与阴极间的电压，使通过晶闸管的电流小于维持电流 I_H； （2）阳极与阴极间的电压减小为零； （3）将阳极与阴极间加反向电压 （只要具备其中一个条件就可使导通的晶闸管关断）

三、晶闸管的型号

国产普通型晶闸管的型号有 3CT 系列和 KP 系列，各部分含义见表 8-3。

表 8-3　晶闸管的型号

型号	含义
3CT-5/500	3 表示三个电极，C 表示 N 型硅材料，T 表示晶闸管，5 表示额定电流为 5 A，500 表示额定电压为 500 V
KP100-12G	K 表示晶闸管，P 表示普通型，100 表示额定电流为 100 A，12 表示额定电压为 1 200 V（12×100 V），G 表示通态平均电压组别为 G，即通态平均电压为 1 V（A~I 分别表示 0.4~1.2 V）

四、晶闸管的识别和检测

晶闸管在使用时，需要确定各个引脚对应的电极，需要对其性能、触发能力是否良好做出筛选，这是晶闸管正确应用的前提条件。

1. 根据封装识别晶闸管的各个电极

根据表 8-1 所示的常见晶闸管的外形封装形式，可以判断普通晶闸管的各个引脚所对应的电极。

2. 用万用表判别晶闸管的各个电极

根据普通晶闸管的结构可知，其门极 G 与阴极 K 之间为一个 PN 结，具有单向导电特性，而阳极 A 与门极 G 之间有两个反极性串联的 PN 结，阳极 A 与阴极 K 之间有三个反极性串联的 PN 结。因此，通过用万用表 $R\times 100\ \Omega$ 或 $R\times 1\ \mathrm{k}\Omega$ 挡测量普通晶闸管各引脚之间的电阻值，即能确定三个电极，如图 8-1 所示。

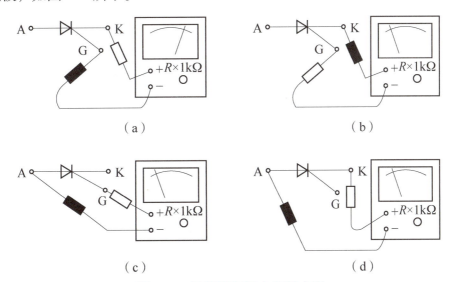

图 8-1　晶闸管各极之间的电阻

（a）G-K PN 结正向特性；（b）G-K PN 结反向特性；（c）G-A 阻值；（d）A-K 阻值

具体方法：将万用表黑表笔任接晶闸管某一极，红表笔依次去触碰另外两个电极，若测量结果有一次阻值为几千欧姆，而另一次阻值为几百欧姆，则可判定黑表笔接的是门极 G。在阻值为几百欧姆的测量中，红表笔接的是阴极 K，而在阻值为几千欧姆的那次测量中，红表笔接的是阳极 A。若两次测出的阻值均很大，则说明黑表笔接的不是门极 G。应用同样方法改测其他电极，直到找出三个电极为止，如图 8-1 所示。也可以测任何两脚之间的正、反向电阻，若正、反向电阻均接近无穷大，则两极即为阳极 A 和阴极 K，而另一脚即为门极 G。

3. 用万用表判断晶闸管的质量好坏

测量门极 G 与阴极 K 之间的正、反向电阻值，正常时应有类似晶闸管的正、反向电阻值（实际测量结果较普通晶闸管的正、反向电阻值小一些），即正向电阻值较小（小于 $2\,k\Omega$），反向电阻值较大（大于 $80\,k\Omega$）。若两次测量的电阻值均很大或均很小，则说明该晶闸管 G、K 极之间开路或短路。若正、反电阻值均相等或接近，则说明该晶闸管已失效，其 G、K 极间 PN 结已失去单向导电作用。

测量阳极 A 与门极 G 之间的正、反向电阻，正常时两个阻值均应为几百千欧姆或无穷大。若出现正、反向电阻值不一样（有类似晶闸管的单向导电），则是 G、A 极之间反向串联的两个 PN 结中的一个已被击穿短路。

用万用表 $R \times 1\,k\Omega$ 挡测量普通晶闸管阳极 A 与阴极 K 之间的正、反向电阻，正常时均应为无穷大（∞）。若测得 A、K 之间的正、反向电阻值为零或阻值较小，则说明晶闸管内部被击穿短路或漏电。

4. 用万用表检测晶闸管的触发能力

晶闸管的导通条件为阳极 A 和阴极 K 之间加正向电压的同时，门极 G 和阴极 K 之间也加正向电压。

小功率（工作电流为 5 A 以下）的普通晶闸管，可用万用表 $R \times 1\,\Omega$ 挡测量，如图 8-2 所示。

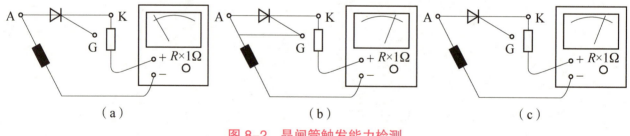

图 8-2　晶闸管触发能力检测

测量时黑表笔接阳极 A，红表笔接阴极 K（相当于在阳极 A 和阴极 K 之间加上正向电压，此时晶闸管不导通），万用表指针不动，显示阻值为无穷大（∞），如图 8-2（a）所示。

用镊子或导线将晶闸管的阳极 A 与门极短路（相当于给门极 G 和阴极 K 之间也加上了正向电压，此时晶闸管满足导通条件，晶闸管导通），此时若电阻值为几欧姆至几十欧姆（具体阻值根据晶闸管的型号不同会有所差异），则表明晶闸管因正向触发而导通，如图 8-2（b）所示。

再断开 A 极与 G 极的连接（A、K 极上的表笔不动，只将 G 极的触发电压断掉），若表针位置不动，则说明此晶闸管的触发性能良好（晶闸管导通后，门极失去控制作用），如图 8-2（c）所示。

8.3 实训要求

本任务以小组为单位，通过严谨细致的分工、严格规范的操作，共同完成晶闸管的外形识别，会区分各个引脚对应的电极，会通过型号确定晶闸管的额定电压和额定电流，会用万用表测试正反向电阻的方法来判断晶闸管极性及质量好坏。

（1）能独立查找资料，了解常见晶闸管的型号及参数。
（2）会根据外形封装识别晶闸管的各个电极。
（3）会用指针式万用表判别晶闸管的各个电极。
（4）会用指针式万用表判断晶闸管的质量好坏。
（5）会用指针式万用表检测晶闸管的触发能力。
（6）会用数字式万用表判别晶闸管的各个电极。
（7）会用数字式万用表判断晶闸管的质量好坏。
（8）会用数字式万用表检测晶闸管的触发能力。

8.4 实训分组

采用扑克牌分组法，4人一组，对班级学生进行分组，4人分别担任项目经理（组长）、电子设计工程师、电子安装测试员和项目验收员角色。分组完成后，小组讨论制定组名、组训和小组LOGO，营造小组凝聚力和文化氛围，并确定任务分工，项目经理完成表8-4的填写。

表8-4 实训分组表

组名			小组LOGO	
组训				
团队成员	学号	角色指派	职责	
		项目经理	统筹计划、进度，安排工作对接，解决疑难问题	
		电子设计工程师	进行晶闸管测试设计	
		电子安装测试员	进行晶闸管测试	
		项目验收员	根据任务书、评价表对项目功能情况进行打分评价	

任务实施过程中,采用班组轮值制度,学生轮值担任组长、电子设计工程师等角色,每个人都有锻炼组织协调项目管理、项目设计、项目安装调试和项目验收能力的机会。通过小组协作,培养学生团队合作、互帮互助精神和协同攻关能力。

8.5 元器件清单

元器件清单见表 8-5。

表 8-5 元器件清单

序号	文字符号	元器件型号及规格	数量	电气符号	实物图形	备注
1	VT	MCR100-8	4			晶闸管的识别和检测
2	VT	TYN1225	4			晶闸管的识别和检测
3	VT	KP20-16	4	A-VT-G-K		晶闸管的识别和检测
4	VT	KG200-16	4			晶闸管的识别和检测
5	VT	KP50A	4			晶闸管的识别和检测
6		万用表 MF-47	2			测量正反向电阻
7		数字式万用表	2			测量正反向电阻、正向电压

8.6 实训实施

一、实训前准备

（1）准备好实训工具。

（2）完成元器件的清点与检测。

二、根据封装识别晶闸管的各个电极

查找资料，根据晶闸管的外形封装及标识（见表8-1），在表8-6中记录晶闸管的型号、极性、参数等。

表8-6　晶闸管极性及参数识读

外形	型号	各引脚极性	主要参数
			额定电流_____ 额定电压_____
			额定电流_____ 额定电压_____
			额定电流_____ 额定电压_____
			额定电流_____ 额定电压_____
			额定电流_____ 额定电压_____

三、用万用表判别晶闸管的各个电极

用万用表测量普通晶闸管各引脚之间的电阻值，完成表8-7。

表8-7　晶闸管极性判别

晶闸管型号		万用表挡位（指针式）			
		红表笔	黑表笔	阻值	结论
	测量结果	1	2		
		2	1		
		1	3		
		3	1		
		2	3		
		3	2		
晶闸管型号		万用表挡位（指针式）			
		红表笔	黑表笔	阻值	结论
	测量结果	1	2		
		2	1		
		1	3		
		3	1		
		2	3		
		3	2		
晶闸管型号		万用表挡位（指针式）			
		红表笔	黑表笔	阻值	结论
	测量结果	1	2		
		2	1		
		1	3		
		3	1		
		2	3		
		3	2		
晶闸管型号		万用表挡位（指针式）			
		红表笔	黑表笔	阻值	结论
	测量结果	1	2		
		2	1		
		1	3		
		3	1		
		2	3		
		3	2		

四、用万用表判别晶闸管的质量好坏

用万用表测量普通晶闸管阳极 A 与阴极 K 之间的正、反向电阻，测量门极 G 与阴极 K 之间的正、反向电阻，测量阳极 A 与门极 G 之间的正、反向电阻，根据阻值大小判断晶闸管的好坏，完成表 8-8。

表 8-8 晶闸管质量好坏判别

晶闸管型号		万用表挡位（指针式）			
		红表笔	黑表笔	阻值	结论
	测量结果	A	K		
		K	A		
		G	K		
		K	G		
		A	G		
		G	A		
晶闸管型号		万用表挡位（指针式）			
		红表笔	黑表笔	阻值	结论
	测量结果	A	K		
		K	A		
		G	K		
		K	G		
		A	G		
		G	A		

五、用万用表检测晶闸管的触发能力

用万用表测量小功率普通晶闸管的触发能力，完成表 8-9。

表 8-9 晶闸管触发能力的检测

晶闸管型号		万用表挡位（指针式）			
		红表笔	黑表笔	阻值	结论
	测量结果	A	K		
		A 和 G 短接			
		断开 A 和 G 的连接			
晶闸管型号		万用表挡位（指针式）			
		红表笔	黑表笔	阻值	结论
	测量结果	A	K		
		A 和 G 短接			
		断开 A 和 G 的连接			

8.7 实训总结

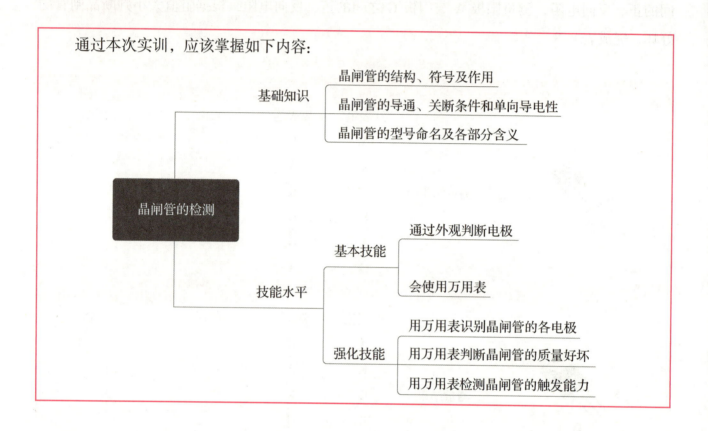

8.8 实训收获

8.9 实训评价

班级			姓名		成绩	
任务	考核内容		考核要求		学生自评	教师评分
晶闸管识别与检测	识读晶闸管（20分）		会根据外形和型号标注正确识别晶闸管各个电极，并填写额定电压和额定电流			
	引脚判别（20分）		会使用指针式万用表判断晶闸管的A、G、K引脚			
			会使用数字式万用表判断晶闸管的A、G、K引脚			
	故障检测（20分）		会使用指针式万用表判别晶闸管的好坏			
			会使用数字式万用表判别晶闸管的好坏			
晶闸管特性测试	晶闸管触发能力检测（20分）		能够使用指针式万用表判断晶闸管触发情况是否良好			
			能够使用数字式万用表判断晶闸管触发情况是否良好			
安全规范	规范（5分）		工具摆放整齐、使用规范，符合安全操作规范			
	整洁（5分）		台面整洁，安全用电			
职业态度	考勤纪律（10分）		按时上课，不迟到早退；按照教师要求完成实训内容			
小组评价						
教师总评			签名：		日期：	

实训 9
台灯调光电路的安装与调试

9.1 实训目标

知识目标

（1）了解单结晶体管的结构、符号及作用。
（2）理解单结晶体管触发电路的工作原理。
（3）掌握单结晶体管台灯调光电路的电路结构。
（4）掌握台灯调光电路的调光原理。

素养目标

（1）通过查找资料，了解常用调光电路的类型，加强自学能力。
（2）通过电路调试，培养学生发现问题、分析问题、解决问题的能力。
（3）通过分组合作探究，培养团队协作意识。

9.2 知识链接

我们通常通过改变电路参数来调节照明亮度，以满足不同场合对光亮度的需求，例如看电视时将灯光适当调暗，制造温馨环境且能节省能源。日常生活中的台灯调光电路，就是通过调节晶闸管的触发脉冲的出现时刻，以调节输出电压，从而调节灯的亮度。

要使晶闸管导通，除在它的阳极和阴极间加上正向电压外，还必须在它的门极加上适当的触发信号（电压、电流）。这种为晶闸管提供触发信号的电路称为触发电路。对触发电路的要求是：与主电路同步，能平稳移相且有足够的移相范围，脉冲前沿陡且有足够的幅值与脉宽，稳定性与抗干扰性能好等。触发电路的种类很多，主要有单结晶体管触发电路和发展很快的集成触发电路。

一、单结晶体管的结构、符号和外形

单结晶体管内部有一个PN结，所以称为单结晶体管，有三个电极，分别是发射极和两个基极，所以又叫双基极二极管，外形如图9-1所示。

在一块高电阻率的N型硅片两端，制作两个接触电极，分别叫第一基极和第二基极，并分别用符号B_1（或b_1）和B_2（或b_2）表示，硅片的另一侧在靠近第二基极B_2处制作了一个PN结，并在P型硅片上引出发射极E（或e）。单结晶体管结构图及图形符号如图9-2所示。

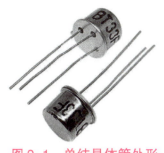

图9-1 单结晶体管外形

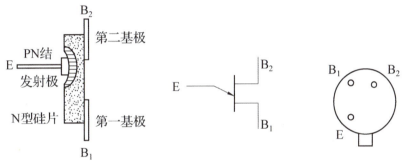

图9-2 单结晶体管结构、符号、极性

二、单结晶体管振荡电路

如图9-3所示为单结晶体管振荡电路的原理图和波形图。接通电源后，U_{BB}经R_P、R_E给电容C充电，电容两端电压u_C按指数规律增大，当$u_C = U_P$时，单结晶体管导通，R_{B1}迅速减小，电容通过R_{B1}、R_1迅速放电，在R_1上形成脉冲波形。当$u_C = U_V$时，单结晶体管截止，放电结束，输出电压降为0，完成一次振荡。之后电源再次对电容充电，并重复上述过程。

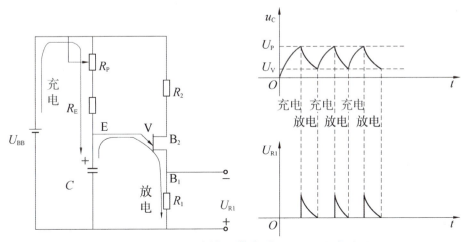

图9-3 单结晶体管振荡电路原理图及波形图

改变 R_P 的阻值（或电容 C 的大小），可改变电容充电的快慢，使输出脉冲提前或移后，从而控制晶闸管触发导通的时刻。τ 增大，触发脉冲后移，控制角增大，反之控制角减小。利用单结晶体管的负阻特性和 RC 的充放电特性，可组成频率可调的振荡电路。

每半个周期内，第一个脉冲可使晶闸管触发导通，后面的脉冲信号均不起作用。增大 R_P 或 C，使 $\tau=(R_P+R_E)C$ 越大，充电时间变长，即达到 U_P 的时间就变慢，第一脉冲输出的时间就滞后；反之，第一脉冲输出时间就提前。改变电容的充电时间常数，可实现脉冲的移相。在实际工作中，通过改变 R_P 的大小，可改变晶闸管控制角的大小。

三、单结晶体管台灯调光电路

如图 9-4 所示，为台灯调光电路原理图，其中 VD_5、R_2、R_3、R_4、R_P、C、VS 组成单结晶体管振荡电路。接通电源前，电容 C 两端的电压 u_C 为 0，接通电源后，电容经过 R_4、R_P 充电，电容电压 u_C 逐渐升高。当达到峰点电压时，VS 的 $E-B_1$ 之间导通，电容电压 u_C 经 $E-B_1$ 向电阻 R_3 放电。当电容电压下降到谷点电压时，单结晶体管恢复阻断状态，此时，电容又重新充电。重复上述过程，在电容上形成锯齿状电压，在 R_3 上则形成脉冲电压，此脉冲电压又作为晶闸管 VS 的触发信号。在 VD_1~VD_4 桥式整流输出的每一个半波时间内，振荡电路产生的第一个脉冲电压为有效信号。调节 R_P 的阻值，可改变触发脉冲的相位，控制晶闸管 VD_5 的导通角，从而调节灯的亮度。

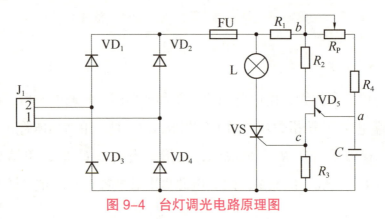

图 9-4　台灯调光电路原理图

9.3 实训要求

本任务以小组为单位，通过个人讲解、集体讨论的方式，掌握台灯调光电路的原理分析，通过分工合作的方式完成电路的安装与调试，并填写调试记录表。

（1）通过识读电路图、观察元器件型号、外形等，掌握主要元器件的极性及参数。

（2）会对触发脉冲电路进行分析，理解脉冲产生的原理。

（3）会画单结晶体管台灯调光电路图，掌握电路的调光原理。

（4）会根据元件清单检查元器件数量，会用万用表检测各元器件质量。

（5）根据需要会对元器件进行镀锡、成型等预处理。

（6）能正确识读整机电路原理图、印制电路板图，明确各元器件的安装位置及极性。

（7）能根据原理图及电路板装配图对元器件进行安装及焊接。

（8）会对电路进行通电测试及故障检修。

（9）完成电路调试记录表。

9.4 实训分组

采用扑克牌分组法，4人一组，对班级学生进行分组，4人分别担任项目经理（组长）、电子设计工程师、电子安装测试员和项目验收员角色。分组完成后，小组讨论制定组名、组训和小组LOGO，营造小组凝聚力和文化氛围，并确定任务分工，项目经理完成表9-1的填写。

表9-1 实训分组表

组名			
组训		小组LOGO	
团队成员	学号	角色指派	职责
		项目经理	统筹计划、进度，安排工作对接，解决疑难问题
		电子设计工程师	进行电子线路设计
		电子安装测试员	进行电子元器件安装、焊接，对电路进行调试
		项目验收员	根据任务书、评价表对项目功能情况进行打分评价

任务实施过程中，采用班组轮值制度，学生轮值担任组长、电子设计工程师等角色，每个人都有锻炼组织协调项目管理、项目设计、项目安装调试和项目验收能力的机会。通过小组协作，培养学生团队合作、互帮互助精神和协同攻关能力。

9.5 元器件清单

元器件和仪器仪表工具清单见表9-2。

表9-2 元器件和仪器仪表工具清单

名称	型号及规格	数量	标号	安装要求	数量标记	质量标记
晶闸管	MCR100-6	1	VS	注意极性		
二极管	1N4007	4	VD_1~VD_4	①卧式、贴板安装；②注意VD极性，R朝向一致；③引脚留头1 mm		
电阻	100 kΩ	1	R_3			
电阻	51 kΩ	1	R_1			
电阻	300	1	R_2			
电阻	18 kΩ	1	R_4			
涤纶电容	223	1	C	①立式安装；②注意极性；③引脚留头1 mm		
单结晶体管	BT33	1	VD_5			
电位器	500 kΩ	1	R_P	检测是否可调		
熔断器	2 A	1	FU	检测是否完好		
熔断器座		1		目测有无缺陷		
电路板		1				
工作台		1		①检查工作台电源是否好用；②检查万用表、示波器等仪器仪表是否好用；③检查电烙铁、吸锡器、钳子、镊子等工具是否好用；④检查连接线是否好用；⑤若无问题在数量栏和质量栏打标记"√"		
万用表		1				
示波器		1				
连接线		若干				
电烙铁		1				
烙铁架		1				
吸锡器		1				
焊锡丝		1				
松香		1				
镊子		1				
尖嘴钳		1				
斜口钳		1				
螺丝刀	ϕ2 mm ϕ3 mm	2				

9.6 实训实施

一、实训前准备

（1）准备好实训工具。

（2）完成元器件的识别与检测。

二、安装焊接操作

1. 焊前预处理

根据需要，使用镊子等辅助工具，对元器件引脚进行焊接前的镀锡、成型等预处理。

2. 识读技术文件

正确识读整机电路原理图、印制电路板图，明确各元器件的安装位置及极性。

3. 电路装配焊接

按照图9-4所示电路原理图，在PCB印制电路板上装配、焊接元器件，焊接完成图如图9-5所示。装配焊接要符合工艺要求，需注意以下几点：

图 9-5 焊接完成图

（1）有极性的元器件，在安装时注意极性，切勿装反。

（2）没有具体说明的元器件，要尽量贴近电路板安装。

（3）电阻色环朝向要一致，即水平安装的第一道色环在左边，竖直安装的第一道色环在下面。

（4）无极性电容器的朝向要一致，便于观察。在元件面看，水平安装的标志朝上面，竖直安装的标志朝左面。

（5）安装焊接时由低到高，由里到外，以不影响下一步操作为原则。

（6）元器件焊接完成后，及时将多余的引脚剪掉，留头1 mm。

三、电路调试

工作台上方提示牌为绿色的"允许通电测试"状态时，才可进行电路通电测试，若提示牌为红色的"禁止通电测试"状态，则通电测试前必须举手示意教师，教师检查同意后方可进行通电测试。

（一）交流电源的测量与检测

在本操作前不需要举手示意教师。打开工作台上交流 36 V 电源开关，输出端子先不接电源线，闭合电源开关，用万用表测量输出端子间的电压，将测量结果记在调试记录表上。操作完毕后，断开电源开关。

（二）电路整装

确保电源开关处于断开状态，将电源线、测试线、灯等规范连接，如图 9-6 所示。

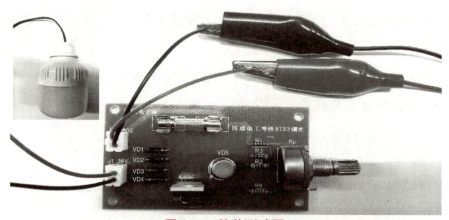

图 9-6　整装测试图

（三）电路调试

1. 通电前检查

（1）检查二极管、晶闸管、单结晶体管等有极性元件的极性，确保熔断器已安装。

（2）确保电源开关处于断开状态，检查电源线、测试线等连接是否正确。

（3）自查无问题后，举手示意老师请求通电。

2. 通电调试

（1）单结晶体管触发电路的调试。

将灯暂时取下，断开晶闸管主电路。接通触发电路电源，调节示波器"扫描时间"旋钮，使 a 点电压波形的一个周期正好占 10 个格，将 a 点的电压波形记录在表 9-3 中。调节电位器，用双踪示波器观测 b 点和 c 点电压波形的变化情况；调节电位器，观测 c 点的电压波形，使其 $\alpha = 90°$，观察此时 b 点和 c 点的电压波形并记录在表 9-3 中。

实训9 台灯调光电路的安装与调试

表9-3 触发电路几个关键点的电压波形

电路位置	工作波形	波形类型
a点		
b点		
c点		

（2）台灯调光电路的调试。

①触发电路调试正常后，接通晶闸管主电路。接通触发电路电源，调节电位器，用双踪示波器观察 $\alpha=45°$、$90°$ 时 c 点和灯两端的电压波形并记录在表9-4中。

表9-4　触发脉冲和灯两端电压的波形

电路位置	工作波形	波形类型
$\alpha=45°$		
$\alpha=90°$		

②将电压表接在灯两端，观察灯两端输出电压的变化，同时观察灯的亮度变化，完成表9-5。

表9-5　灯亮度、电压变化情况

项目	右旋 R_P	左旋 R_P	结论
灯的亮度变化			
灯两端电压的变化			

续表

	右旋 R_P 到底	左旋 R_P 到底	结论
灯的亮度			
灯两端电压数值			

3. 故障检修

常见故障情况及可能原因：

（1）灯泡不亮，不可调光。由 BT33 组成的单结晶体管张弛振荡器停振，可造成灯泡不亮，不可调光。可检测 BT33 是否损坏，电容 C 是否漏电或损坏等。

（2）电位器顺时针旋转时，灯泡逐渐变暗。这是电位器中心抽头接错位置所致。

（3）调节电位器 R_P 至最小位置时，灯泡突然熄灭。可检测 R_4 的阻值，若 R_4 的实际阻值太小或短路，则应更换 R_4。

将故障排除过程中的维修结果填入表 9-6 中。

表 9-6 故障调试记录表

状态	元器件各极电压						断开交流电源，电位器 R_P 的电阻值
	VS			VD$_5$			
	U_A	U_K	U_G	U_{B1}	U_{B2}	U_E	
灯微亮时							
灯最亮时							
故障 1:							
故障 2:							
故障 3:							

9.7 实训总结

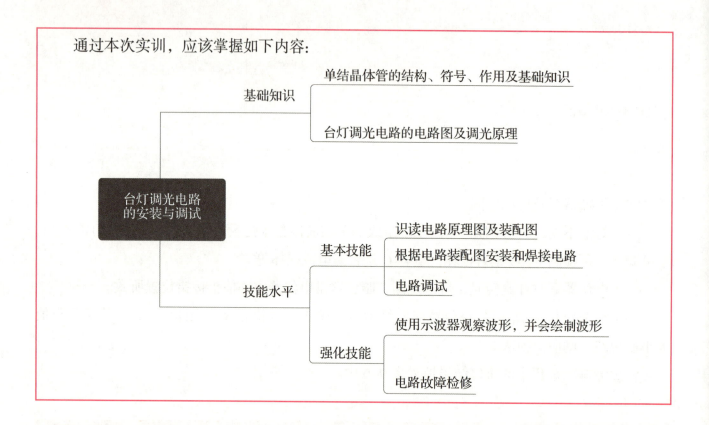

9.8 实训收获

9.9 实训评价

班级		姓名		成绩	
任务	考核内容	考核要求		学生自评	教师评分
电路组装	元器件清点检测（10分）	根据元器件清单，选择合适的元器件；通过清点、检测，判断元器件的数量和质量，有问题的元器件要及时更换，并做好标记			
	元器件引脚成型处理（5分）	能按照装配图正确、规范地进行引脚处理			
	元器件安装（10分）	元器件极性正确、朝向规范，安装整齐			
	电路板焊接（10分）	焊点圆润光滑，无虚焊、夹生焊等现象，引脚剪切规范			
	整机装配（5分）	电源线、信号线、仪器仪表连接正确、规范			
通电测试	功能调试（10分）	触发脉冲输出正确，输出电压可调，灯的亮度可调			
	通电测试（20分）	能够使用万用表示波器观测输出电压的变化，电压值、波形记录正确			
	故障检测（10分）	能检测并排除常见故障			
安全规范	规范（5分）	工具摆放整齐、使用规范，符合安全操作规范			
	整洁（5分）	台面整洁，安全用电			
职业态度	考勤纪律（10分）	按时上课，不迟到早退；按照教师要求完成实训内容			
小组评价					
教师总评					
		签名：		日期：	

实训 10
TTL 集成逻辑门电路功能测试及应用

10.1 实训目标

知识目标

（1）能独立查找资料，了解 TTL 集成逻辑门电路的组成。
（2）掌握 TTL 集成逻辑门电路的工作原理，能独立搭建电路。
（3）掌握 TTL 集成逻辑门电路的主要参数和使用功能。

素养目标

（1）了解 TTL 集成逻辑门电路的发展历程和我国近年来电子技术行业迅速发展的现状。
（2）安全用电、爱护仪器设备，保持实训室环境整洁。
（3）通过分组合作完成实训，提高学生发现问题、分析问题、解决问题的能力，培养探索精神，养成团队意识和协作意识。

10.2 知识链接

TTL 集成逻辑门电路的输入端和输出端都是三极管结构，具有运行速度较高、负载能力较强、工作电压较低、工作电流较大等特点。

一、引脚识读方法

TTL 集成逻辑门电路通常是双列直插式外形，根据功能不同，一般有 8~24 个引脚，引脚编号和判读方法是将凹槽标志置于左方，引脚向下，逆时针自下而上顺序排列。

二、TTL 集成逻辑门电路的使用规则

1. 对电源的要求

（1）TTL 集成逻辑门电路对电源要求比较严格，当电源电压超过 5.5 V 时，器件将损坏；若电源电压低于 4.5 V 时，器件的逻辑功能将不正常。因此 TTL 集成逻辑门电路的电源电压应满足 4.5~5.5 V。

（2）考虑到电源接通瞬间及电路工作状态高速转换时都会使电源电流出现瞬态尖峰值，该电流在电源线与地线上产生的压降将引起 20~50 μF 的低频滤波电容，可以有效地消除电源线上的噪声干扰。

（3）为了保证系统的正常工作，必须保证 TTL 电路具有良好的接地。

2. 电路外引线端的连接

（1）TTL 集成逻辑门电路不能将电源和地接错，否则将烧毁集成电路。

（2）TTL 集成逻辑门电路各输入端不能直接与高于 5.5 V 或低于 –0.5 V 的低内阻电源连接，因为低内阻电源会产生较大的电流而烧坏电路。

（3）TTL 集成逻辑门电路的输出端不能直接接地或直接接 +5 V 电源，否则将导致器件损坏。

（4）TTL 集成逻辑门电路的输出端不允许并联使用（集电极开路门和三态门除外），否则将损坏集成电路。

（5）当输出端接容性负载时，电路从断开到接通瞬间会有很大的冲击电流流过输出管，导致输出管损坏。为此，应在输出端串接一个限流电阻。

3. TTL 门电路多余输入端处理

（1）与门、与非门 TTL 电路多余端可以悬空，但这样处理容易受到外界干扰而使电路产生错误动作，为此可以将其多余输入端直接接电源 V_{CC}，或通过一定阻值的电阻接电源 V_{CC}，如图 10-1（a）、图 10-1（b）所示；悬空如图 10-1（c）所示；也可以将多余输入端并联使用，如图 10-1（d）所示。

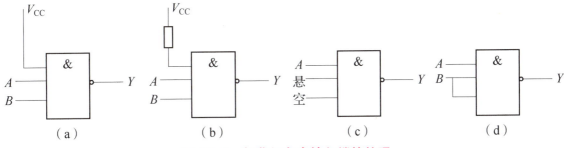

图 10-1　与非门多余输入端的处理

（2）或门、或非门的多余输入端不能悬空，可以将其接地或与其他输入端并联使用，如图 10-2 所示。

图 10-2 或非门多余输入端的处理
（a）多余输入端接地；（b）多余输入端与其他输入端并联

10.3 实训要求

本任务以小组为单位，通过严格规范的操作、严谨细致的分工协作，从简单逻辑门电路的认识、各元器件的选择入手，让学生进一步掌握 TTL 集成逻辑门电路的工作原理。

（1）了解 TTL 集成逻辑门电路的各引脚。
（2）识别 TTL 集成逻辑门电路的各引脚功能。
（3）识别 TTL 集成逻辑门电路的输出。
（4）认识集成逻辑门电路。
（5）掌握 TTL 与非门逻辑功能的测试方法。
（6）掌握 TTL 与非门控制信号输出的方法。
（7）通过查阅集成电路手册，能根据相关资料确认每个引脚功能及集成电路的功能。

10.4 实训分组

采用扑克牌分组法，4 人一组，对班级学生进行分组，4 人分别担任项目经理（组长）、电子设计工程师、电子安装测试员和项目验收员角色。分组完成后，有序坐好，小组讨论制定组名、组训和小组 LOGO，营造小组凝聚力和文化氛围，并确定任务分工，项目经理完成表 10-1 的填写。

表 10-1 项目分组表

组名		小组 LOGO	
组训			
团队成员	学号	角色指派	职责
		项目经理	统筹计划、进度，安排工作对接，解决疑难问题
		电子设计工程师	进行电子线路设计
		电子安装测试员	进行电气配盘，配合电气工程师进行调试
		项目验收员	根据任务书、评价表对项目功能情况进行打分评价

10.5 元器件清单

元器件清单见表10-2。

表10-2　元器件清单表

序号	元器件名称及规格	实物	数量
1	数字电路实训箱		1
2	万用表 MF-47		2
3	74LS20		1
4	74LS00		2
5	发光二极管 LED		2
6	10 kΩ 色环电阻		2
7	270 Ω 色环电阻		2

10.6 实训实施

一、实训前准备

（1）准备好实训工具。

（2）完成元器件的识别与检测。

二、掌握 74LS20 各引脚功能

实物如图 10-3 所示，查找资料，确定集成与非门 74LS20 芯片的引脚排列顺序，并将引脚功能依次填入表 10-3 中。

图 10-3　逻辑门集成电路

表 10-3　引脚功能

引脚	功能	引脚	功能
1		8	
2		9	
3		10	
4		11	
5		12	
6		13	
7		14	

三、逻辑功能测试

（一）搭建电路

搭建如图 10-4 所示电路，将 14 脚接电源、7 脚接地，观察 LED 发光二极管的亮灭情况，用万用表测量输出电压，并将实验结果填入表 10-4 中。

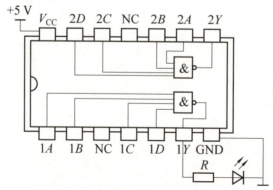

图 10-4　集成逻辑门电路功能测试

表 10-4　与非门测试结果

输入端	输出端 Y		
$ABCD$	电压/V	LED 灯状态	逻辑状态
0000			
0001			
0010			
0011			
0100			
0101			
0110			
0111			
1000			
1001			
1010			
1011			
1100			
1101			
1110			
1111			

（二）分析实验结果

如表 10-4 所示记录的实验结果，确定输出与输入之间的关系为

$$Y=$$

（三）常见故障分析

若电路没有输出，LED 发光二极管不亮，则检查以下内容。

1. 检查输出电路

直接给指示电路输入高电平，观察二极管是否发光，发光则表示正常。若不发光，检测指示电路中有无断点，并检测二极管、电阻是否开路。

2. 检查输入电路

用万用表检测输入电路有无断点，根据表 10-4 输入信号进行测试。

3. 检查集成芯片

将 A、B、C、D 分别接 74LS20 的 9、10、12、13 脚，输出接 8 脚。若替换后正常，则说明与非门 1 损坏。若指示电路依然不亮，则说明 74LS20 损坏，需要更换芯片。

四、集成逻辑门电路应用

1. 搭建电路

用 74LS00 芯片搭建如图 10-5 所示电路,在 A 端输入 1 Hz 的脉冲信号,B 端接开关,输出端 Y 接 LED 发光二极管指示电路。

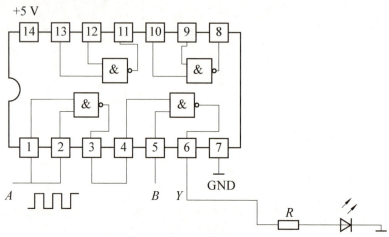

图 10-5　集成逻辑门应用电路

2. 输入低电平

观察 B 端输入低电平(逻辑 0 状态)时,发光二管的亮灭,用万用表测量输出端 Y 的电压,填入表 10-5 中。

3. 输入高电平

观察 B 端输入高电平时,发光二极管的亮灭,用万用表测量输出端 Y 的电压,并填入表 10-5 中。

4. 分析输出信号

分析输出 Y 的逻辑状态,填入表 10-5 中。

表 10-5　输出状态表

输入		输出 Y		
A	B	电压 /V	LED 灯状态	逻辑状态
0	0			
0	1			
1	0			
1	1			

5. 绘制波形

A、B 端输入波形如图 10-6 所示,用示波器观察 Y 端的输出波形,并绘制输出波形。

图 10-6　波形

 实训总结

通过本次实训，应该掌握如下内容：

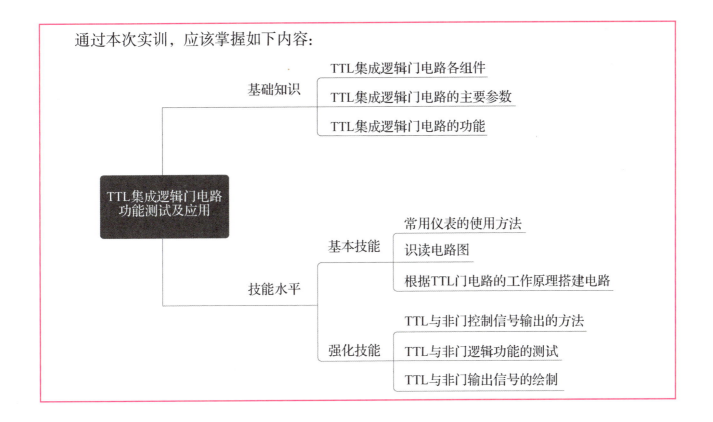

 实训收获

10.9 实训评价

班级		姓名		成绩	
任务	考核内容	考核要求		学生自评	教师评分
搭建电路	识读集成逻辑门电路（10分）	根据元器件的清单，识别元器件；通过检测，判断元器件的质量，坏的元器件需要及时更换			
	电路搭建（10分）	能按照实训电路图正确搭建电路			
	布局（10分）	元器件布局合理			
通电测试	逻辑功能测试（20分）	能正确使用万用表测量输出电压，会分析逻辑状态			
	故障检测（20分）	能检测并排除常见故障			
安全规范	规范（10分）	工具摆放整齐、使用规范			
	整洁（10分）	台面整洁，安全用电			
职业态度	考勤纪律（10分）	按时上课，不迟到早退；按照教师的要求动手操作；实训完毕后，关闭电源，整理工具和仪器仪表			
小组评价					
教师总评					
		签名：		日期：	

实训 11
74LS138 译码器的识别及功能测试

11.1 实训目标

知识目标

（1）能独立查找资料，了解 74LS138 译码器的相关功能。
（2）学会识别译码器的相关引脚。
（3）能掌握测试 74LS138 各引脚功能的方法。
（4）掌握电路搭建方法。

素养目标

（1）了解 74LS138 译码器的使用方法以及在整个电路中的应用。
（2）安全用电、爱护仪器设备，保持实训室环境整洁。
（3）通过分组合作完成实训，提高学生发现问题、分析问题、解决问题的能力，培养探索精神，养成团队意识和协作意识。

11.2 知识链接

译码：是编码的逆过程，是对编码内容的翻译。
译码器：能够完成译码功能的组合逻辑电路。

一、3 线 -8 线译码器 74LS138 功能介绍

74LS138 实物如图 11-1 所示。

图 11-1　74LS138 实物图

74LS138 逻辑符号如图 11-2 所示，其引脚功能具体如下。

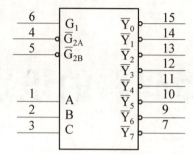

图 11-2 74LS138 逻辑符号和引脚排列图

C、B、A：译码输入端，用于输入待译码的 3 位二进制码，高电平有效。

$\overline{Y}_0 \sim \overline{Y}_7$：译码输出端。输出与输入二进制码相对应的控制信号，低电平输出有效。

$\overline{G}_{2A}$、$\overline{G}_{2B}$、G_1：片选使能端。$\overline{G}_{2A}$、$\overline{G}_{2B}$ 只有在接低电平，G_1 接高电平时芯片才能正常工作，主要用于级联时进行芯片选择。

二、74LS138 的逻辑功能

74LS138 的逻辑功能表见表 11-1。从引脚描述和逻辑功能表可知：当 $\overline{G}_{2A} = \overline{G}_{2B} = 0$，并且 $G_1 = 1$ 时，3 线 -8 线译码器 74LS138 正常工作，如输入数据 C、B、A 为 011，则译码后将选中输出端 $\overline{Y}_3$，使其引脚输出低电平 0。

表 11-1 74LS138 的逻辑功能表

输入						输出							
片选使能			译码输入										
$\overline{G}_{2A}$	$\overline{G}_{2B}$	G_1	C	B	A	$\overline{Y}_0$	$\overline{Y}_1$	$\overline{Y}_2$	$\overline{Y}_3$	$\overline{Y}_4$	$\overline{Y}_5$	$\overline{Y}_6$	$\overline{Y}_7$
1	×	×	×	×	×	1	1	1	1	1	1	1	1
×	1	×	×	×	×	1	1	1	1	1	1	1	1
×	×	0	×	×	×	1	1	1	1	1	1	1	1
0	0	1	0	0	0	0	1	1	1	1	1	1	1
0	0	1	0	0	1	1	0	1	1	1	1	1	1
0	0	1	0	1	0	1	1	0	1	1	1	1	1
0	0	1	0	1	1	1	1	1	0	1	1	1	1
0	0	1	1	0	0	1	1	1	1	0	1	1	1
0	0	1	1	0	1	1	1	1	1	1	0	1	1
0	0	1	1	1	0	1	1	1	1	1	1	0	1
0	0	1	1	1	1	1	1	1	1	1	1	1	0

11.3 实训要求

本任务以小组为单位,通过严格规范的操作、严谨细致的分工协作,从译码器的各引脚认识以及74LS138各引脚参数测量入手,让学生进一步掌握74LS138在电路中的实际应用。

(1)能独立查找资料,判断74LS138译码器各个引脚功能。
(2)掌握74LS138译码器逻辑功能表。
(3)能分析74LS138译码器逻辑功能。
(4)掌握二进制译码器的逻辑功能。
(5)掌握集成译码器的应用方法。

11.4 实训分组

采用扑克牌分组法,4人一组,对班级学生进行分组,4人分别担任项目经理(组长)、电子设计工程师、电子安装测试员和项目验收员角色。分组完成后,有序坐好,小组讨论制定组名、组训和小组LOGO,营造小组凝聚力和文化氛围,并确定任务分工,项目经理完成表11-2的填写。

表11-2 项目分组表

组名		小组LOGO	
组训			
团队成员	学号	角色指派	职责
		项目经理	统筹计划、进度,安排工作对接,解决疑难问题
		电子设计工程师	进行电子线路设计
		电子安装测试员	进行电气配盘,配合电子设计工程师进行调试
		项目验收员	根据任务书、评价表对项目功能情况进行打分评价

11.5 元器件清单

元器件清单见表11-3。

表 11-3　元器件清单表

序号	元器件名称及规格	实物	数量
1	74LS138		1
2	74LS20		2
3	发光二极管 LED		1
4	10 kΩ 色环电阻		4
5	270 Ω 色环电阻		1
6	三极管 9013		1
7	轻触按钮		3
8	电子实训平台		1

11.6　实训实施

一、实训前准备

（1）准备好实训工具以及连接导线、数字信号测试笔等。

（2）按照电路图准备所需元器件，见表 11-3。

二、熟悉 74LS138 引脚分布

74LS138 引脚分布如图 11-3 所示。

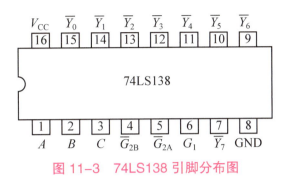

图 11-3　74LS138 引脚分布图

74LS138 真值表见表 11-4。

表 11-4　74LS138 真值表

G_1	$\overline{G}_{2A}$	$\overline{G}_{2B}$	C	B	A	$\overline{Y}_7$	$\overline{Y}_6$	$\overline{Y}_5$	$\overline{Y}_4$	$\overline{Y}_3$	$\overline{Y}_2$	$\overline{Y}_1$	$\overline{Y}_0$
0	×	×	×	×	×	1	1	1	1	1	1	1	1
×	1	×	×	×	×	1	1	1	1	1	1	1	1
×	×	1	×	×	×	1	1	1	1	1	1	1	1
1	0	0	0	0	0	1	1	1	1	1	1	1	0
1	0	0	0	0	1	1	1	1	1	1	1	0	1
1	0	0	0	1	0	1	1	1	1	1	0	1	1
1	0	0	0	1	1	1	1	1	1	0	1	1	1
1	0	0	1	0	0	1	1	1	0	1	1	1	1
1	0	0	1	0	1	1	1	0	1	1	1	1	1
1	0	0	1	1	0	1	0	1	1	1	1	1	1
1	0	0	1	1	1	0	1	1	1	1	1	1	1

由真值表可知：

1. 使能端无效时

三个使能端（G_1，$\overline{G}_{2A}$，$\overline{G}_{2B}$）任何一个为无效电平时，译码器八个译码输出都为无效电平，即输出全为高电平"1"。

2. 使能端均有效

三个使能端（G_1，$\overline{G}_{2A}$，$\overline{G}_{2B}$）均为有效电平时，译码器八个输出中仅与输入对应的一个输出端为有效低电平"0"，其余输出无效电平"1"。

3. 输出函数

在使能条件下，每个输出都是地址变量的最小项，考虑到输出低电平有效，输出函数可写

成最小项的反,即:

$$\overline{Y_i} = \overline{G_1\overline{G_{2A}}\overline{G_{2B}}}$$

三、74LS138 功能测试

1. 连接电路

74LS138 功能测试电路如图 11-4 所示。将 74LS138 的输出 $\overline{Y_7}$~$\overline{Y_0}$ 接数字实验箱的 LED 0/1 指示器,地址 C、B、A 输入接数字实验箱的 0/1 开关变量,使能端接固定电平(V_{CC} 或地)。

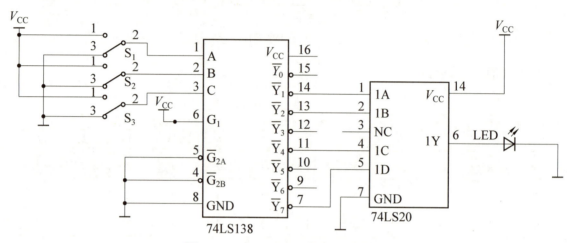

图 11-4　74LS138 功能测试电路

2. 观察 LED 显示状态

(1) $G_1\overline{G_{2A}}\overline{G_{2B}} \neq 100$ 时,任意扳动 0/1 开关,观察 LED 显示状态,并记录。

(2) $G_1\overline{G_{2A}}\overline{G_{2B}} =100$ 时,按二进制顺序扳动 0/1 开关,观察 LED 显示状态,与功能表进行对照,并记录。

四、搭建电路,测试电路逻辑功能

按照图 11-4 所示搭建电路,测试电路逻辑功能,列出逻辑函数 Y 的真值表,见表 11-5。

表 11-5　逻辑函数 Y 的真值表

序号	C	B	A	Y
0				
1				
2				
3				
4				
5				
6				
7				

 **11.7 实训总结**

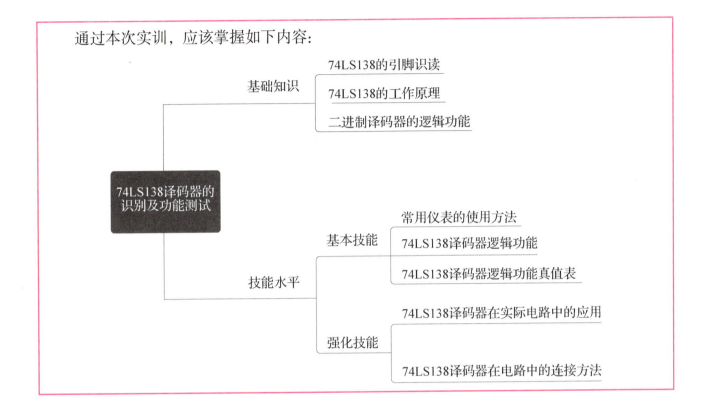

 **11.8 实训收获**

11.9 实训评价

班级		姓名		成绩	
任务	考核内容	考核要求		学生自评	教师评分
搭建电路	识读74LS138引脚及搭建的电路（10分）	根据元器件的清单，识别元器件；通过检测，判断元器件的质量，坏的元器件需要及时更换			
	电路搭建（10分）	能按照实训电路图正确搭建电路			
	布局（10分）	元器件布局合理			
通电测试	逻辑功能测试（20分）	能正确使用数字实验箱测试电路逻辑功能			
	故障检测（20分）	能检测并排除常见故障			
安全规范	规范（10分）	工具摆放整齐、使用规范			
	整洁（10分）	台面整洁，安全用电			
职业态度	考勤纪律（10分）	按时上课，不迟到早退；按照教师的要求动手操作；实训完毕后，关闭电源，整理工具和仪器仪表			
小组评价					
教师总评					
		签名：		日期：	

实训 12
CD4511 显示译码器功能测试

12.1 实训目标

知识目标

（1）了解 CD4511 相关参数。
（2）学会判断 CD4511 芯片的好坏，并能识别其引脚、材质。
（3）通过学习 CD4511 芯片，掌握其译码显示功能。
（4）学会正确测试译码器的逻辑功能，并能正确描述。

素养目标

（1）安全用电、爱护仪器设备，保持实训室环境整洁。
（2）关注我国电子技术的发展，以及组合逻辑电路的发展。
（3）通过分组合作完成实训，提高学生发现问题、分析问题、解决问题的能力，培养探索精神，养成团队意识和协作意识。

12.2 知识链接

一、CD4511 芯片的介绍

CD4511 是一片 CMOS BCD-锁存/七段译码/驱动器，用于驱动共阴极 LED（数码管）显示器的 BCD 码-七段码译码器，如图 12-1 所示。它是具有 BCD 转换、消隐和锁存控制、七段译码及驱动功能的 CMOS 电路，能提供较大的电流。

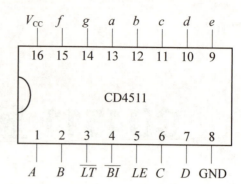

图 12-1　CD4511 外观和引脚图

1. 功能介绍

$\overline{BI}$：是消隐输入控制端，当 $\overline{BI}=0$ 时，不管其他输入端状态如何，七段数码管均处于熄灭（消隐）状态，不显示数字。

$\overline{LT}$：是测试输入端，当 $\overline{BI}=1$，$\overline{LT}=0$ 时，译码输出全为 1，不管输入 DCBA 状态如何，七段均发亮，显示"8"。它主要用来检测数码管是否损坏。

LE：锁定控制端，当 LE=0 时，允许译码输出。LE=1 时译码器是锁定保持状态，译码器输出被保持在 LE=0 时的数值。

A、B、C、D：8421BCD 码输入端。

a、b、c、d、e、f、g：译码输出端，输出为高电平"1"有效。

CD4511 的内部有上拉电阻，在输入端与数码管笔段端接上限流电阻就可工作。

2. CD4511 的引脚名称

CD4511 具有锁存、译码、消隐功能，通常以反相器作输出级，用以驱动 LED。

各引脚的名称：其中 1、2、6、7 分别表示 A、B、C、D；5、4、3 分别表示 LE、$\overline{BI}$、$\overline{LT}$；13、12、11、10、9、15、14 分别表示 a、b、c、d、e、f、g。左边的引脚表示输入，右边的引脚表示输出，还有两个引脚 8、16 分别表示的是 GND、V_{CC}。

二、CD4511 的工作原理

CD4511 的工作原理见真值表 12-1。

表 12-1　CD4511 的真值表

输 入							输 出							
LE	$\overline{BI}$	$\overline{LT}$	D	C	B	A	a	b	c	d	e	f	g	显示
×	×	0	×	×	×	×	1	1	1	1	1	1	1	8
×	0	1	×	×	×	×	0	0	0	0	0	0	0	消隐
0	1	1	0	0	0	0	1	1	1	1	1	1	0	0
0	1	1	0	0	0	1	0	1	1	0	0	0	0	1

续表

输入							输出							显示
LE	$\overline{BI}$	$\overline{LT}$	D	C	B	A	a	b	c	d	e	f	g	显示
0	1	1	0	0	1	0	1	1	0	1	1	0	1	2
0	1	1	0	0	1	1	1	1	1	1	0	0	1	3
0	1	1	0	1	0	0	0	1	1	0	0	1	1	4
0	1	1	0	1	0	1	1	0	1	1	0	1	1	5
0	1	1	0	1	1	0	0	0	1	1	1	1	1	6
0	1	1	0	1	1	1	1	1	1	0	0	0	0	7
0	1	1	1	0	0	0	1	1	1	1	1	1	1	8
0	1	1	1	0	0	1	1	1	1	0	0	1	1	9
0	1	1	1	0	1	0	0	0	0	0	0	0	0	消隐
0	1	1	1	0	1	1	0	0	0	0	0	0	0	消隐
0	1	1	1	1	0	0	0	0	0	0	0	0	0	消隐
0	1	1	1	1	0	1	0	0	0	0	0	0	0	消隐
0	1	1	1	1	1	0	0	0	0	0	0	0	0	消隐
0	1	1	1	1	1	1	0	0	0	0	0	0	0	消隐
1	1	1	×	×	×	×	锁存							锁存

三、锁存功能

译码器的锁存电路由传输门和反相器组成，传输门的导通或截止由控制端 LE 的电平控制。当 $LE = 0$ 时，允许译码输出。$LE = 1$ 时译码器是锁定保持状态。

1. 译码

CD4511 译码用两级或非门担任，为了简化电路，先用二输入端与非门对输入数 B、C 进行组合，得出 $\overline{BC}$、$\overline{B\overline{C}}$、$\overline{\overline{B}C}$、$\overline{\overline{B}\overline{C}}$ 四项，然后将输入的数据 A、D 一起用或非门译码。

2. 消隐

$\overline{BI}$ 为消隐功能端，该端施加某一电平后，迫使 B 端输出为低电平，字形消隐。

消隐输出 J 的电平为 $J = (C + B)D + \overline{BI}$

如不考虑消隐 $\overline{BI}$ 项，便得 $J = (B + C)D$

据上式，当输入 8421BCD 代码从 1010~1111 时，J 端都为"1"电平，从而使显示器中的字形消隐。

8421BCD 码对应的显示如图 12-2 所示。

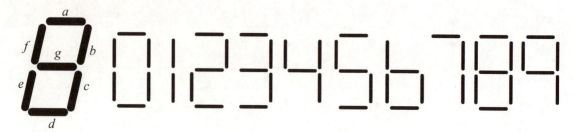

图 12-2　七段码显示

四、使用方法

其中 $A\ B\ C\ D$ 为 BCD 码输入端，A 为最低位。$\overline{LT}$ 为灯测试端，加高电平时，显示器正常显示，加低电平时，显示器一直显示数码"8"，各笔段都被点亮，以检查显示器是否有故障。$\overline{BI}$ 为消隐功能端，低电平时使所有笔段均消隐；正常显示时，$\overline{BI}$ 端应加高电平。另外，CD4511 有拒绝伪码的特点，当输入数据越过十进制数 9（1001）时，显示字形也自行消隐。LE 是锁存控制端，高电平时锁存，低电平时传输数据。a~g 是七段输出，可驱动共阴 LED 数码管。CD4511 和 CD4518 配合可构成一位计数显示电路，若要多位计数，只需将计数器级联，每级输出接一只 CD4511 和 LED 数码管即可。所谓共阴 LED 数码管是指七段 LED 的阴极是连在一起的，在应用中应接地。限流电阻要根据电源电压来选取，电源电压 5 V 时可使用 300 Ω 的限流电阻。

12.3　实训要求

本任务以小组为单位，通过学习 CD4511 芯片及其工作原理，让学生自主搭建 CD4511 显示译码电路。整个过程要求团队协作、严谨细致、主动探索、严格规范。

（1）能独立查找资料，了解不同厂商的 CD4511 的相关参数。

（2）能用指针式万用表测量并判断电路中元器件质量的好坏。

（3）通过学习 CD4511 芯片，掌握其译码显示功能。

（4）能够识读 CD4511 译码器电路图、安装图。

（5）能根据电路图、安装图完成译码器的搭建。

（6）学会正确测试译码器的逻辑功能，并能正确描述。

（7）学会正确使用译码器。

（8）能够找出译码器的故障，并排除故障。

（9）通过练习电路的连接，掌握焊接的技巧和电路搭建的工艺。

12.4 实训分组

采用扑克牌分组法，4人一组，对班级学生进行分组，4人分别担任项目经理（组长）、电子设计工程师、电子安装测试员和项目验收员角色。分组完成后，有序坐好，小组讨论制定组名、组训和小组LOGO，营造小组凝聚力和文化氛围，并确定任务分工，项目经理完成表12-2的填写。

表 12-2 项目分组表

组名			
组训		小组 LOGO	
团队成员	学号	角色指派	职责
		项目经理	统筹计划、进度，安排工作对接，解决疑难问题
		电子设计工程师	进行电子线路设计
		电子安装测试员	进行电气配盘，配合电子设计工程师进行调试
		项目验收员	根据任务书、评价表对项目功能情况进行打分评价

任务实施过程中，采用班组轮值制度，学生轮值担任组长、电子设计工程师等角色，每个人都有锻炼组织协调项目管理、项目设计、项目安装调试和项目验收能力的机会。通过小组协作，培养学生团队合作、互帮互助精神和协同攻关能力。

12.5 元器件清单

数字电路综合测试台1台，数字式或指针式万用表1台，通用面包板1块。准备好实训工具、连接导线、数字信号测试笔等。按照电路图12-3，所需元器件详见表12-3。

表 12-3 元器件清单

序号	元器件名称及规格	实物	数量
1	CD4511		1
2	电阻 10 kΩ		4

续表

序号	元器件名称及规格	实物	数量
3	电阻 300 Ω		1
4	共阴极七段显示数码管		1
5	自锁开关		4
6	面包板		1
7	万用表		1
8	电子实训平台		1
9	示波器		1

12.6 实训实施

一、实训前准备

（1）准备好实训工具。

（2）完成元器件的识别与检测。

注：任何一个元器件在安装前必须进行相应的检测，以免将已损坏的元器件或参数不符的元器件安装到电路上。

1. 检测电阻

检测所准备的电阻是否符合实训要求。

注意：每次更换挡位后应将万用表的红、黑表笔对接调零。

2. 七段显示数码管检测

（1）检测七段显示数码管为共阴极还是共阳极。

（2）确定七段显示数码管每一段的好坏。

3. 检测CD4511集成芯片

（1）确定本电路中使用的双列直插式集成芯片引脚排列顺序。

（2）检查芯片引脚有无损坏。

（3）确认各引脚功能。

二、搭建测试电路

搭建CD4511译码显示测试电路，并对其逻辑功能进行测试。搭建如图12-3所示电路，对电路进行相关参数测量；根据检测结果总结CD4511显示译码器的逻辑功能。

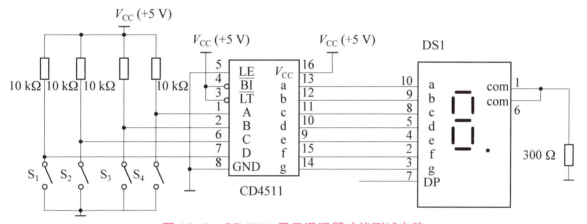

图12-3　CD4511显示译码器功能测试电路

1. 搭建电路

首先安装CD4511芯片，然后安装其他元器件。安装时，应注意以下几点：

（1）在安装时注意七段显示数码管的引脚排序，切勿装错。

（2）电阻色环朝向要一致，即水平安装的第一道在左边。

（3）集成芯片的电源引脚一定要连接，即8脚接地，16脚接电源正极。

（4）元器件距离电路板的高度。没有具体说明的元器件要尽量贴近电路板。

2. 调试电路

（1）通电前完成安全检查。首先，应该检查电源引线是否牢固；其次，检查集成芯片的引脚是否放置正确。

（2）根据要求测试电路，将测试结果填入表12-4中。

表 12-4　测试结果

显示	D	C	B	A
1				
2				
3				
4				
5				
6				
7				
8				
9				

12.7　实训总结

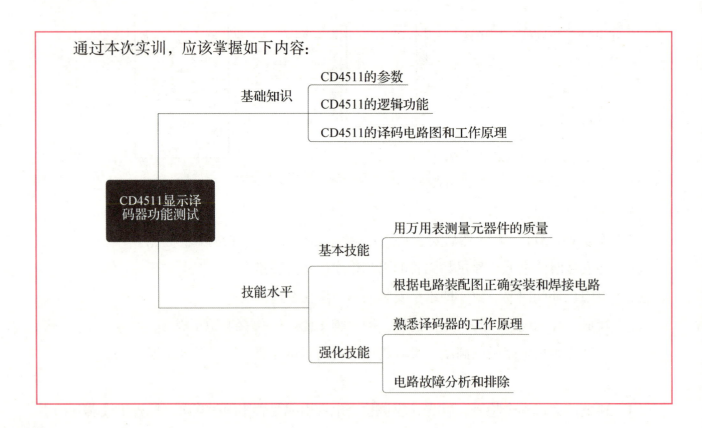

12.8 实训收获

12.9 实训评价

班级		姓名		成绩	
任务	考核内容	考核要求		学生自评	教师评分
搭建电路	识读 CD4511（10 分）	能够正确识读 CD4511 各引脚，了解各引脚功能			
	电路搭建（10 分）	能按照实训电路图正确搭建电路			
	布局（10 分）	元器件布局合理			
通电测试	逻辑功能测试（20 分）	功能正常			
	测试结果分析（20 分）	分析实验结果，得出结论			
安全规范	规范（10 分）	工具摆放整齐、使用规范			
	整洁（10 分）	台面整洁，安全用电			
职业态度	考勤纪律（10 分）	按时上课，不迟到早退；按照教师的要求动手操作；实训完毕后，关闭电源，整理工具和仪器仪表			
小组评价					
教师总评		签名：		日期：	

实训 13
搭建与调试三人表决器

13.1 实训目标

实训 13 三人表决器的测试

知识目标

（1）能够借助资料读懂集成电路的型号，明确 74LS02 引脚序号与引脚功能。
（2）理解三人表决器电路的原理及设计方法。
（3）学会检测集成元件构成的数字电路。
（4）熟悉面包板搭建电路的技巧和工艺。
（5）掌握三人表决器电路故障检测方法。

素养目标

（1）了解芯片的发展史和我国近年来电子技术行业迅猛发展的现状。
（2）安全用电、爱护仪器设备，保持实训室环境整洁。
（3）通过分组合作完成实训，提高学生发现问题、分析问题、解决问题的能力，培养探索精神，养成团队意识和协作意识。

13.2 知识链接

三人表决器是一种用于决策和投票的数字逻辑电路。它通过三个输入信号和一个输出信号来实现多数表决的功能。三人表决器通常用于电子系统中，例如控制电路、自动化系统或分布式系统中的决策单元。

一、三人表决器的逻辑功能和工作原理

1. 三人表决器的逻辑功能和工作原理

输入信号：三人表决器有三个输入信号，通常称为 A、B 和 C。这些输入信号代表三个投票者的决策。每个输入信号可以是逻辑高电平（1）或逻辑低电平（0），分别表示赞成或反对。

输出信号：三人表决器有一个输出信号，通常称为 Y。输出信号代表根据三个输入信号的投票结果得出的最终决策。输出信号可以是逻辑高电平（1）或逻辑低电平（0），取决于多数投票的结果。

多数表决原则：三人表决器采用多数表决原则。当 A、B 和 C 中有两个或三个输入信号为逻辑高电平时，输出信号为逻辑高电平。反之，当只有一个或没有输入信号为逻辑高电平时，输出信号为逻辑低电平。

稳定性和冲突处理：当输入信号存在冲突时，即有两个或多个输入信号同时为逻辑高电平或逻辑低电平时，三人表决器的输出结果可能是不确定的。在这种情况下，可能需要额外的逻辑电路或冲突处理机制来确定最终输出。

2. 三人表决器在实际应用中的局限性和注意事项

输入信号的可靠性：三人表决器的准确性和可靠性取决于输入信号的稳定性和正确性。确保输入信号的正确传递和保持稳定状态是使用三人表决器的重要前提。

冲突处理策略：当输入信号存在冲突时，可能需要采用适当的冲突处理策略，例如增加投票者、使用优先级规则或引入附加的逻辑电路来解决冲突。

投票者权重分配：三人表决器中的每个投票者的权重通常是相等的，即每个输入信号对最终决策具有相同的影响力。在某些应用中，可能需要根据实际情况调整投票者的权重分配。

3. 三人表决器的应用场景

通过理解和应用三人表决器的逻辑功能和原理，可以在电子系统中实现决策和投票机制。它可以用于各种应用场景，例如：

控制电路决策：在控制系统中，使用三人表决器可以根据多数投票的结果确定执行某种控制策略，例如启动或停止某个设备、选择特定操作模式或改变系统状态。

自动化系统决策：在自动化系统中，三人表决器可以用于决策处理和路径选择，根据多数投票结果确定执行的自动化任务或控制方案。

分布式系统决策：在分布式系统中，使用三人表决器可以协调多个节点之间的决策，例如分布式计算任务的分配、网络路由选择或数据同步决策等。

安全和容错性决策：在安全关键系统或容错性设计中，三人表决器可以用于决策错误检测和纠正策略。通过多数表决的结果，可以判断是否存在错误或故障，并采取相应的措施进行容错处理。

总之，三人表决器作为一种简单而有效的投票和决策机制，可以应用于各种数字逻辑电路和系统中，帮助实现多数投票和多方决策的功能。在实际应用中，需要根据具体的需求和系统要求进行适当的设计和调整，确保三人表决器的准确性、稳定性和可靠性。

二、74LS02 集成电路

1. 74LS02 的结构

由 2 输入的四个或非门组成，如图 13-1 所示，电源电压为 5 V，共有 54/7402、54/74S02、54/74LS02 三种线路结构形式。

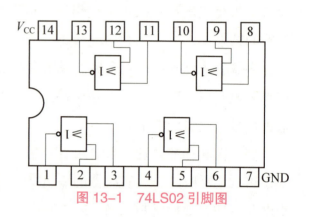

图 13-1　74LS02 引脚图

2. 74LS02 的引脚功能

$1A$~$4A$ 为输入端。

$1B$~$4B$ 为输入端。

$1Y$~$4Y$ 为输出端。

3. 74LS02 的真值表

74LS02 的真值表见表 13-1。

表 13-1　74LS02 的真值表

输入		输出
A	B	Y
0	0	1
0	1	0
1	0	0
1	1	0

4. 74LS02 的参数

74LS02 的参数见表 13-2。

表 13-2　74LS02 的参数

电压参数	数值	温度参数	数值
极限值电源电压	7 V	54×× ×	−55~125 ℃
输入电压（54/7402）	5.5 V	74×× ×	0~70 ℃
输入电压（54/74LS02）	7 V	存储温度	−65~150 ℃

5. 74LS02 的应用

（1）该芯片主要在需要或非逻辑功能时使用。该芯片具有四个或非门。我们可以使用一个门或所有门。

（2）需要逻辑反相器时，可以重新连接此芯片中的或非门，使其成为非门。每个或非门可以形成一个非门。因此，如有必要，我们可以使 74LS02 芯片成为四个非门芯片。

（3）在需要高速或非操作的地方，芯片中的门可由肖特基晶体管设计。利用它们，门的开关延迟得以最小化。因此，该芯片可用于高速应用。

（4）74LS02 是使用率最高的 IC 之一，很受欢迎，随处可见。

（5）该芯片还提供 TTL 输出，这在某些系统中是必需的。

13.3 实训要求

本任务以小组为单位，通过学习三人表决器的原理及设计，来理解 74LS02 芯片及其工作原理，让学生自主搭建三人表决器电路。整个过程要求团队协作、严谨细致、主动探索、严格规范。

（1）熟练万用表、示波器、电子实训平台的使用。
（2）能够借助相关资料读懂集成电路的型号。
（3）明确 74LS02 集成块引脚及其功能。
（4）理解三人表决器电路的原理及设计方法。
（5）学会检测由集成元件构成的数字电路。
（6）熟悉面包板搭建电路的技巧和工艺。
（7）掌握三人表决器电路故障的检测方法。
（8）掌握面包板搭建电路的技巧和工艺。

13.4 实训分组

采用扑克牌分组法，4 人一组，对班级学生进行分组，4 人分别担任项目经理（组长）、电子设计工程师、电子安装测试员和项目验收员角色。分组完成后，有序坐好，小组讨论制定组名、组训和小组 LOGO，营造小组凝聚力和文化氛围，并确定任务分工，项目经理完成表 13-3 的填写。

表 13-3 项目分组表

组名				
组训			小组 LOGO	
团队成员	学号	角色指派	职责	
		项目经理	统筹计划、进度，安排工作对接，解决疑难问题	
		电子设计工程师	进行测试电路设计	
		电子安装测试员	进行电路测试	
		项目验收员	根据任务书、评价表对项目功能情况进行打分评价	

在任务实施过程中，采用班组轮值制度，学生轮值担任组长、电子设计工程师等角色，每个人都有锻炼组织协调项目管理、项目设计、项目安装调试和项目验收能力的机会。通过小组协作，培养学生团队合作、互帮互助精神和协同攻关能力。

13.5 元器件清单

元器件清单见表 13-4。

表 13-4 元器件清单表

序号	元器件名称及规格	实物	数量
1	74LS02		2
2	发光二极管 LED		1
3	10 kΩ 色环电阻		4
4	270 Ω 色环电阻		1
5	三极管 9013		1

续表

序号	元器件名称及规格	实物	数量
6	自锁开关		3
7	面包板		1
8	万用表		1
9	电子实训平台		11
10	示波器		

13.6 实训实施

一、实训前准备

（1）准备好实训工具。
（2）完成元器件的识别与检测。

二、搭建与调试电路

三人表决器是典型的组合逻辑电路，通过搭建电路及对电路的分析，能够更好地掌握组合逻辑电路分析和设计的过程。

1. 搭建电路

根据图 13-2 所示三人表决器电路图搭建电路实物图，如图 13-3 所示。根据实验结果填写表 13-5。

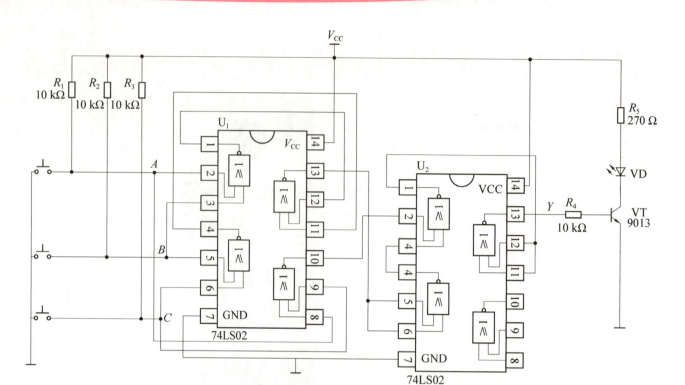

图 13-2 三人表决器电路图

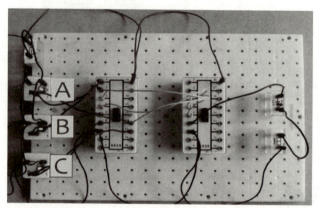

图 13-3 三人表决器搭建电路实物图表

表 13-5 三人表决器真值表

A	B	C	Y

2. 由真值表写出表达式并化简

$Y =$

3. 由表达式作出电路图

4. 分析三人表决器的逻辑功能

三、电路故障分析

完成电路后，对电路的常见故障进行分析。

1. 无论怎么按下按钮，发光二极管都不亮

检测二极管是否损坏。

检测二极管两端是否有 1.7 V 左右的工作电压，如果没有，表明电阻与电源连接过程中出现断路现象或 74LS02 输出信号有问题，需要检测 74LS02 芯片的连线部分。

2. 通电后无论按钮是否按下，发光二极管始终亮

检测电阻 R_4 和 VT 9013 的连接是否正常。

13.7 实训总结

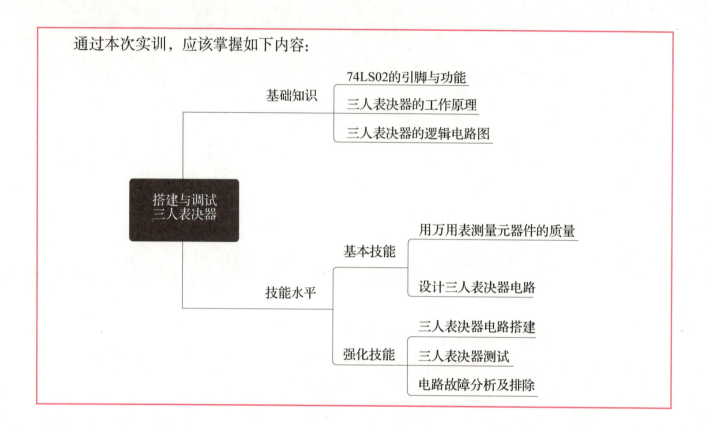

13.8 实训收获

13.9 实训评价

班级		姓名		成绩	
任务	考核内容	考核要求		学生自评	教师评分
搭建电路	识读集成逻辑门电路（10分）	能够正确识读集成逻辑门74LS02各引脚，了解各引脚功能			
	电路搭建（10分）	能按照实训电路图正确搭建电路			
	布局（10分）	元器件布局合理			
	逻辑功能测试（20分）	功能正常			
通电测试	测试结果分析（20分）	分析实验结果，得出结论			
安全规范	规范（10分）	工具摆放整齐、使用规范			
	整洁（10分）	台面整洁，安全用电			
职业态度	考勤纪律（10分）	按时上课，不迟到早退； 按照教师的要求动手操作； 实训完毕后，关闭电源，整理工具和仪器仪表			
小组评价					
教师总评					
		签名：		日期：	

实训 14
基本 RS 触发器的识别及逻辑功能测试

14.1 实训目标

知识目标

（1）通过实训深入了解基本 RS 触发器的逻辑功能和特性。
（2）通过实训掌握基本 RS 触发器的测试方法和技巧。
（3）通过实训认识输入信号对 RS 触发器的影响和作用。

素养目标

（1）了解基本 RS 触发器的发展史和我国近年来电子技术行业迅猛发展的现状。
（2）安全用电、爱护仪器设备，保持实训室环境整洁。
（3）通过分组合作完成实训，提高学生发现问题、分析问题、解决问题的能力，培养探索精神，养成团队意识和协作意识。

14.2 知识链接

基本 RS 触发器是数字电路中常见的触发器类型之一，它由两个互补的输入端（$\overline{R}$ 和 $\overline{S}$）和两个输出端（Q 和 $\overline{Q}$）组成。通过控制输入信号的状态，可以实现不同的逻辑功能，如存储、计数和状态转换等。

一、电路组成

将两个与非门的输入、输出端交叉相连，就组成一个基本 RS 触发器，如图 14-1（a）所示，基本 RS 触发器的逻辑符号如图 14-1（b）所示。

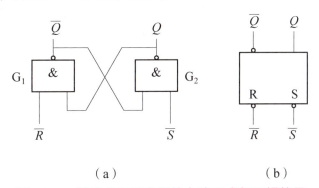

图 14-1　基本 RS 触发器的电路组成与逻辑符号

二、逻辑功能

1. $\overline{R}=1$，$\overline{S}=1$，触发器保持原来的状态不变

不管触发器原来是什么状态，基本 RS 触发器在 $\overline{R}=1$，$\overline{S}=1$ 时，总保持原来的状态不变。这就是触发器的记忆功能。若输入端 $\overline{R}$、$\overline{S}$ 悬空，可认为加入高电平，即 $\overline{R}=1$，$\overline{S}=1$。

2. $\overline{R}=0$，$\overline{S}=1$，触发器为"0"态

此时，因 $\overline{R}=0$，G_1 的输出 $\overline{Q}=1$，而 G_2 的两个输入端 $\overline{S}$、$\overline{Q}$ 全为 1，则输出 $Q=0$。触发器为"0"态，并且与原来的状态无关。

3. $\overline{R}=1$，$\overline{S}=0$，触发器为"1"态

由于 $\overline{S}=0$，G_2 的输出 $Q=1$。这时 G_1 的两个输入端均为 1，所以 $\overline{Q}=0$。触发器为"1"态，同样与原来的状态无关。

4. $\overline{R}=0$，$\overline{S}=0$，触发器的状态不定

这时，$Q=1$，$\overline{Q}=1$。破坏了前述有关 Q 与 $\overline{Q}$ 互补的约定，这是不允许的。而且当 $\overline{R}$、$\overline{S}$ 的低电平触发信号消失后，Q 与 $\overline{Q}$ 的状态保持是不确定的，这种情况应该避免。

综上所述，基本 RS 触发器的逻辑功能见表 14-1。

表 14-1　基本 RS 触发器的逻辑功能表

$\overline{R}$	$\overline{S}$	Q	逻辑功能
0	1	0	置"0"
1	0	1	置"1"
1	1	不变	保持
0	0	不定	不允许

14.3 实训要求

本任务以小组为单位,通过构建集成 RS 触发器的逻辑功能测试电路,并对电路进行逻辑功能测试,记录测试结果。基本 RS 触发器是最基本的触发器单元,有置"0"、置"1"、保持的逻辑功能。熟练进行电路搭建和故障排除,并做好记录。整个过程要求团队协作、严谨细致、主动探索、严格规范。

(1)掌握基本 RS 触发器的引脚布局。
(2)能根据数据手册和电路图来正确连接电路。
(3)掌握触发器的工作原理和关键参数。
(4)掌握时序要求和输入状态的响应。
(5)能搭建电路和使用测试设备进行逻辑功能测试。
(6)验证触发器在不同输入条件下的输出状态。

14.4 实训分组

采用扑克牌分组法,4 人一组,对班级学生进行分组,4 人分别担任项目经理(组长)、电子设计工程师、电子安装测试员和项目验收员角色。分组完成后,有序坐好,小组讨论制定组名、组训和小组 LOGO,营造小组凝聚力和文化氛围,并确定任务分工,项目经理完成表 14-2 的填写。

表 14-2 项目分组表

组名		小组 LOGO	
组训			
团队成员	学号	角色指派	职责
		项目经理	统筹计划、进度,安排工作对接,解决疑难问题
		电子设计工程师	进行测试电路设计
		电子安装测试员	进行电路测试
		项目验收员	根据任务书、评价表对项目功能情况进行打分评价

14.5 元器件清单

元器件清单见表 14-3。

表 14-3　元器件清单表

名称	型号	数量	图示
数字电路实训箱	S303-4 型	1	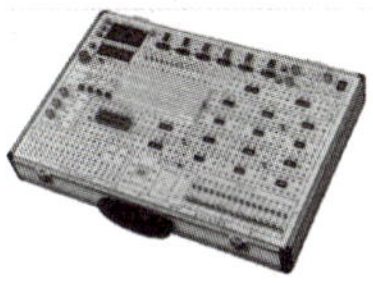
双踪示波器	SR8	1	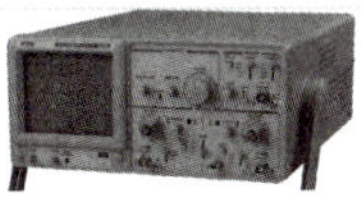
直流稳压电源	LW-3010KDS/30 V、10A	1	
74LS00 集成芯片	74LS00	4	
发光二极管	红色 LED	2	
色环电阻	10 kΩ	2	
色环电阻	300 Ω	1	

14.6 实训实施

一、实训前准备

（1）准备好实训工具。
（2）完成元器件的识别与检测。

二、熟悉 74LS00 集成逻辑门

74LS00 集成逻辑门的外观和引脚排列，如图 14-2 所示。

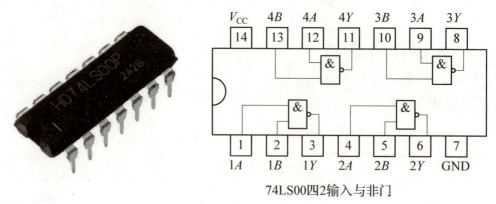

图 14-2 74LS00 外形和引脚排列

三、搭建与测试

1. 搭建基本的 RS 触发器测试电路

使用 74LS00 芯片搭建基本的 RS 触发器测试电路,如图 14-3 所示的连接方式。

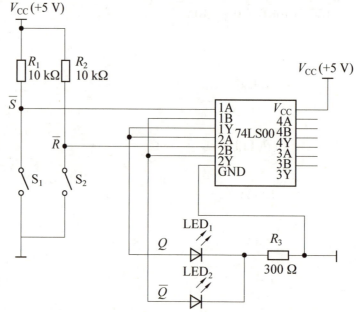

图 14-3 由 74LS00 芯片组成的基本 RS 触发器测试电路

2. 按要求输入信号

调整直流稳压电源,使输出电压为 +5 V,并按照表 14-4 的操作要求输入信号,如表 14-4 所示。

表 14-4 基本 RS 触发器的测试

步骤	操作	输入		输出		LED$_1$	LED$_2$	功能
		$\overline{S}$	$\overline{R}$	Q	$\overline{Q}$			
1	S$_1$ 接电源,S$_2$ 接电源,即 $\overline{S}=1$,$\overline{R}=1$	1	1					
2	S$_1$ 接地,S$_2$ 接电源,即 $\overline{S}=0$,$\overline{R}=1$	0	1					

续表

步骤	操作	输入		输出		LED$_1$	LED$_2$	功能
		$\overline{S}$	$\overline{R}$	Q	$\overline{Q}$			
3	再将 S$_1$ 接电源，S$_2$ 接电源，即 $\overline{S}=1$，$\overline{R}=1$	1	1					
4	S$_1$ 接电源，S$_2$ 接地，即 $\overline{S}=1$，$\overline{R}=0$	1	0					
5	S$_1$ 接电源，S$_2$ 接电源，即 $\overline{S}=1$，$\overline{R}=1$	1	1					
6	S$_1$ 接地，S$_2$ 接地，即 $\overline{S}=0$，$\overline{R}=0$	0	0					

3. 观测输出波形

使用双踪示波器观测输出波形，并读取输出电压，即 3 号和 6 号引脚相对于地的电压。高电平表示为 1，低电平表示为 0。

输出波形：

3 号和 6 号引脚相对于地的电压：

4. 观察 LED 指示灯的变化

记录并观察输出端的 LED 指示灯的变化情况，总结基本 RS 触发器的 Q 端状态改变与输入端之间的关系。

14.7 实训总结

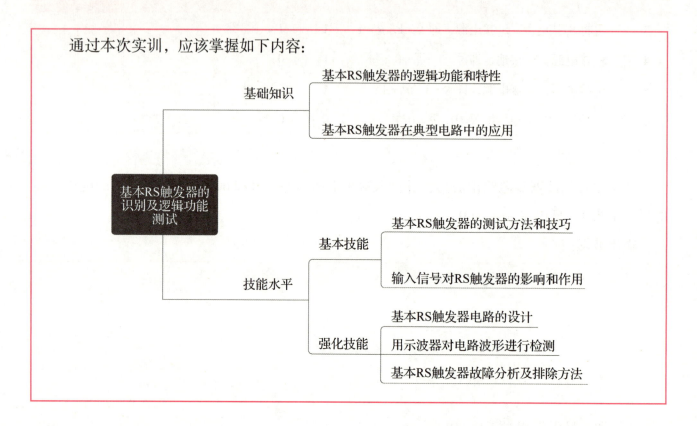

14.8 实训收获

14.9 实训评价

班级		姓名		成绩	
任务	考核内容	考核要求		学生自评	教师评分
搭建电路	元器件检测（25分）	根据元器件的清单，识别元器件；通过检测，判断元器件的质量，坏的元器件需要及时更换			
	线路连接（25分）	能够按照实训电路图正确、规范地连线			
	布局（20分）	元器件布局合理			
安全规范	规范（10分）	工具摆放整齐、使用规范			
	整洁（10分）	台面整洁，安全用电			
职业态度	考勤纪律（10分）	按时上课，不迟到早退；按照教师的要求动手操作；实训完毕后，关闭电源，整理工具和仪器仪表			
小组评价					
教师总评		签名：		日期：	

实训 15
JK 触发器的识别和逻辑功能测试

15.1 实训目标

知识目标

（1）通过实训深入了解 JK 触发器的逻辑功能和特性。
（2）通过实训熟悉 JK 触发器的测试方法和技巧。
（3）通过实训理解输入信号在 JK 触发器中的作用和影响。
（4）通过实训掌握 JK 触发器在典型应用中的使用方法和场景。

素养目标

（1）了解 JK 触发器的逻辑功能和我国近年来电子技术行业迅猛发展的现状。
（2）安全用电、爱护仪器设备，保持实训室环境整洁。
（3）通过分组合作完成实训，提高学生发现问题、分析问题、解决问题的能力，培养探索精神，养成团队意识和协作意识。

15.2 知识链接

JK 触发器是一种常见的数字逻辑电路元件，用于存储和控制电信号的状态。它是一种边沿触发的触发器，具有两个控制输入引脚：J（Set）和 K（Reset）。JK 触发器的输出状态取决于当前状态和输入信号的组合，JK 触发器的原理图、逻辑符号、真值表如图 15-1 所示。

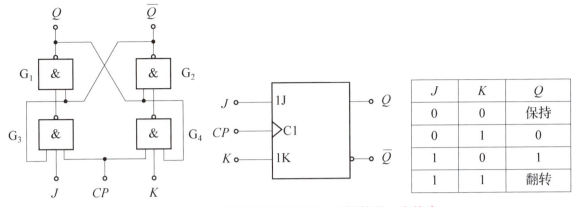

图 15-1　JK 触发器的原理图、逻辑符号、真值表

一、JK 触发器的逻辑功能和特性

（1）状态存储功能：JK 触发器可以存储一个二进制位的状态。其状态可以是逻辑高电平（1）或逻辑低电平（0）。

（2）异步置位和复位功能：通过 J 和 K 输入引脚，可以控制 JK 触发器的置位和复位操作。当 J 和 K 同时为逻辑高电平时，触发器发生状态反转。当 J 为逻辑高电平、K 为逻辑低电平时，触发器置位为逻辑高电平。当 J 为逻辑低电平、K 为逻辑高电平时，触发器复位为逻辑低电平。当 J 和 K 同时为逻辑低电平时，触发器保持当前状态。

（3）反转功能：当 J 和 K 都为逻辑高电平时，触发器会根据时钟信号的边沿发生状态反转。这种反转称为触发器的翻转特性。

（4）时钟输入：JK 触发器还具有时钟输入引脚。触发器的状态变化只在时钟信号的上升或下降边沿发生。

（5）级联功能：多个 JK 触发器可以级联连接，形成较复杂的逻辑电路和时序电路。级联连接时，一个触发器的输出可以作为下一个触发器的输入。

二、JK 触发器的典型应用

JK 触发器在数字电路中有广泛的应用。它可以用于计数器、频率分频器、时序电路、状态机等电路设计中。由于 JK 触发器具有异步置位和复位功能，相较于其他触发器类型，它的应用更加灵活和多样化。

通过理解和掌握 JK 触发器的逻辑功能和特性，电子技术从业者能够应用它们来设计和构建各种数字电路和系统，实现复杂的计算、控制和存储功能。深入研究 JK 触发器的功能和应用也有助于提高故障排除和电路优化的能力，确保电路的可靠性和稳定性。

15.3 实训要求

本任务以小组为单位,通过学习 JK 触发器的原理,熟练进行电路搭建和故障排除,并做好记录。整个过程要求团队协作、严谨细致、主动探索、严格规范。

(1)搭建包含 JK 触发器的逻辑功能测试电路,确保电路连接正确。

(2)进行 JK 触发器的逻辑功能测试,包括置位、复位和状态转换等测试用例。

(3)观察和记录测试结果,分析 JK 触发器在不同输入条件下的响应和输出状态。

(4)讨论和探究 JK 触发器的特性,例如时钟边沿触发、异步/同步清零等,并通过实验验证其功能和状态。

(5)探索和实践 JK 触发器在实际应用中的使用,例如计数器、时序电路或存储器等方面的应用案例。

(6)总结实训经验,提炼出 JK 触发器的重要特点和注意事项,并归纳其适用场景和潜在应用领域。

通过以上实训目标和内容,深入了解 JK 触发器的逻辑功能和特性,掌握其测试方法和典型应用。这将为学生的电子技术职业教育提供实际操作和实践经验,帮助学生更好地理解和应用相关知识。

15.4 实训分组

采用扑克牌分组法,4 人一组,对班级学生进行分组,4 人分别担任项目经理(组长)、电子工程师、电子安装测试员和项目验收员角色。分组完成后,有序坐好,小组讨论制定组名、组训和小组 LOGO,营造小组凝聚力和文化氛围,并确定任务分工,项目经理完成表 15-1 的填写。

表 15-1 项目分组表

组名			小组 LOGO	
组训				
团队成员	学号	角色指派	职责	
		项目经理	统筹计划、进度,安排工作对接,解决疑难问题	
		电子设计工程师	进行测试电路设计	
		电子安装测试员	进行安装测试	
		项目验收员	根据任务书、评价表对项目功能情况进行打分评价	

15.5 元器件清单

元器件清单见表 15-2。

表 15-2 元器件清单表

序号	文字符号	元器件名称及规格	数量	备注
1		SYB-130 型面包板	2	
2		低频信号发生器	1	
3		直流稳压电源	1	
4		双 JK 触发器 74LS112	1	
5		逻辑开关（提供高低电平）	若干	
6		逻辑电平笔	若干	
7		集成电路起拔器	1	
8	VT	三极管 9013	若干	
9	VD	红色、黄色 LED	若干	
10	$R_1 \sim R_5$	电阻 10 kΩ	5	
11	R_6、R_7	电阻 300 Ω	2	

15.6 实训实施

一、实训前准备

（1）准备好实训工具。

（2）完成元器件的识别与检测。

二、熟悉集成逻辑门 74LS112

识读集成逻辑门 74LS112，其引脚排列、逻辑符号和实物如图 15-2 所示。

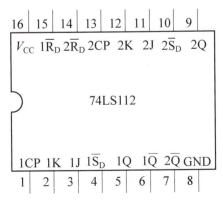
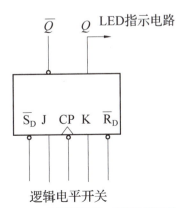

图 15-2　74LS112 引脚排列、逻辑符号和实物

三、搭建电路

用 74LS112 芯片搭建 JK 触发器测试电路,如图 15-3 所示。

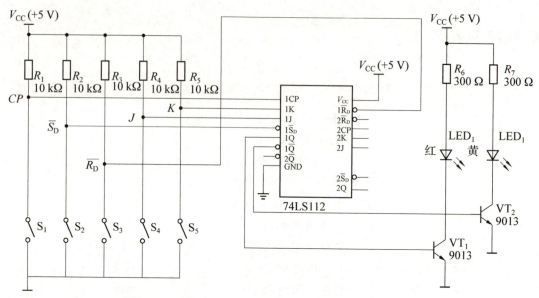

图 15-3　由 74LS112 组成的 JK 触发器测试电路

四、调试电路

调节直流稳压电源,使输出电压为 +5 V,接通电路。按照表 15-3 分别给 $\overline{R}_D$、$\overline{S}_D$ 输入信号,CP、J、K 端处于任意状态,测量并记录 Q 和 $\overline{Q}$ 状态于表 15-3 中。

表 15-3　测试记录表

CP	J	K	$\overline{R}_D$	$\overline{S}_D$	Q(红)	$\overline{Q}$(黄)
×	×	×	0	1		
×	×	×	1	0		

调整电路,使 $\overline{R}_D = \overline{S}_D = 1$(悬空),$J$、$K$ 端的逻辑电平如表 15-4 所示,由逻辑开关提供。CP 脉冲由 0-1 按钮提供。将测试结果填入表 15-4 中。

表 15-4　测试基本 RS 触发器的逻辑功能

J	K	CP	输出	
			Q(红)	$\overline{Q}$(黄)
0	0	0→1		
		1→0		
0	1	0→1		
		1→0		
1	0	0→1		
		1→0		
1	1	0→1		
		1→0		

 **15.7 实训总结**

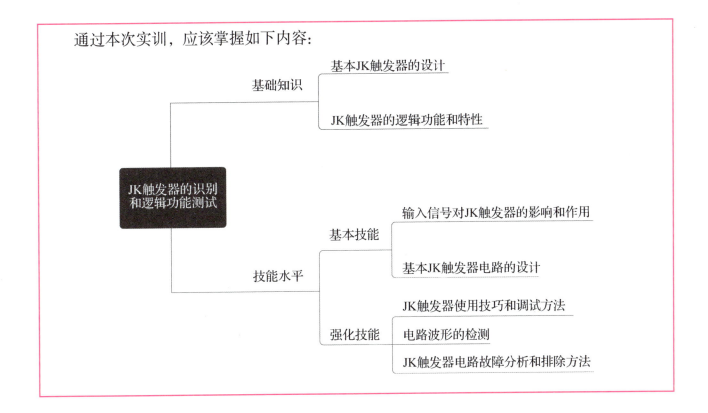

 **15.8 实训收获**

15.9 实训评价

班级		姓名		成绩	
任务	考核内容	考核要求		学生自评	教师评分
搭建电路	元器件检测（25分）	根据元器件的清单，识别元器件；通过检测，判断元器件的质量，坏的元器件需要及时更换			
	线路连接（25分）	能够按照实训电路图正确、规范地连线			
	布局（20分）	元器件布局合理			
安全规范	规范（10分）	工具摆放整齐、使用规范			
	整洁（10分）	台面整洁，安全用电			
职业态度	考勤纪律（10分）	按时上课，不迟到早退； 按照教师的要求动手操作； 实训完毕后，关闭电源，整理工具和仪器仪表			
小组评价					
教师总评					
		签名：		日期：	

实训 16
D 触发器的识别和逻辑功能测试

16.1 实训目标

实训 16 D 触发器的逻辑功能测试

知识目标

（1）通过实训深入了解 D 触发器的逻辑功能和特性。
（2）掌握 D 触发器的测试方法和技巧。
（3）了解 D 触发器在典型应用中的使用方式和场景。

素养目标

（1）了解 D 触发器的逻辑功能和我国近年来电子技术行业迅猛发展的现状。
（2）安全用电、爱护仪器设备，保持实训室环境整洁。
（3）通过分组合作完成实训，提高学生发现问题、分析问题、解决问题的能力，培养探索精神，养成团队意识和协作意识。

16.2 知识链接

D 触发器是一种常用的数字逻辑器件，如图 16-1（a）、（b）所示分别为 D 触发器的结构和逻辑符号。D 触发器是一种边沿触发器，具有一个数据输入引脚（D）和一个时钟输入引脚（CP）。D 触发器的输出状态在时钟信号的上升沿或下降沿发生改变，取决于数据输入引脚的值。

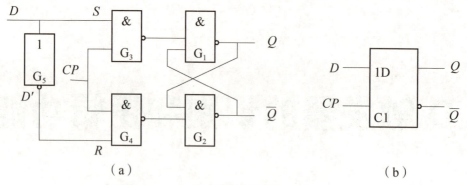

图 16-1 D 触发器结构图和逻辑符号
（a）结构图；（b）逻辑符号

D 触发器在数字电路中有多种应用，以下是其中几个常见的应用领域。

（1）数据存储器：D 触发器可用作数据存储器的基本构建单元。通过多个 D 触发器的级联连接，可以构建寄存器或存储器，用于暂时存储和处理数字数据。在计算机系统中，D 触发器常用于构建寄存器和存储单元，用于存储指令、数据和中间结果。

（2）时序电路：D 触发器可用于实现各种时序电路，例如时钟分频器、频率分频器和计数器等。通过控制 D 触发器的时钟输入和数据输入，可以实现特定的时序逻辑功能，例如频率分频、计数和定时等。

（3）状态机和序列逻辑：D 触发器在状态机和序列逻辑电路中扮演着重要角色。通过将多个 D 触发器组合和互连，可以构建状态机和序列逻辑电路，用于控制和处理复杂的序列和状态转换。D 触发器的输入和输出状态可以编码和解码，用于实现特定的状态转换行为。

（4）数据同步和时序控制：D 触发器可用于实现数据同步和时序控制功能。通过控制时钟输入信号的边沿和数据输入信号的稳定性，可以确保数据在特定时刻进行稳定的传输和处理。这对于时序严格的应用，如通信系统和高速数据传输中具有重要意义。

D 触发器作为一种重要的数字逻辑器件，在数据存储、时序电路、状态机和序列逻辑、数据同步和错误检测等应用中发挥着关键作用。它的可靠性、稳定性和可控性使其成为数字电路设计中不可或缺的选择。

16.3 实训要求

本任务以小组为单位，通过学习 D 触发器的原理，熟练进行电路搭建和故障排除，并做好记录。整个过程要求团队协作、严谨细致、主动探索、严格规范。

（1）搭建包含 D 触发器的逻辑功能测试电路，确保电路连接正确。

（2）熟练 D 触发器的逻辑功能测试，包括输入数据和时钟信号的变化，观察和记录 D 触发器的输出行为。

（3）掌握 D 触发器的特点和局限性。

（4）掌握 D 触发器在应用中可能遇到的问题和注意事项。

（5）能提炼出 D 触发器的重要特性和应用要点。

（6）了解 D 触发器在数字电路设计中的实际应用价值。

16.4 实训分组

采用扑克牌分组法，4 人一组，对班级学生进行分组，4 人分别担任项目经理（组长）、电子设计工程师、电子安装测试员和项目验收员角色。分组完成后，有序坐好，小组讨论制定组名、组训和小组 LOGO，营造小组凝聚力和文化氛围，并确定任务分工，项目经理完成表 16-1 的填写。

表 16-1　项目分组表

组名		小组 LOGO	
组训			
团队成员	学号	角色指派	职责
		项目经理	统筹计划、进度，安排工作对接，解决疑难问题
		电子设计工程师	进行电子线路设计
		电子安装测试员	进行电器安装，配合电气工程师进行调试
		项目验收员	根据任务书、评价表对项目功能情况进行打分评价

任务实施过程中，采用班组轮值制度，学生轮值担任组长、电子设计工程师等角色，每个人都有锻炼组织协调项目管理、项目设计、项目安装调试和项目验收能力的机会。通过小组协作，培养学生团队合作、互帮互助精神和协同攻关能力。

16.5 元器件清单

元器件清单见表 16-2。

表 16-2　元器件列表清单

序号	元器件名称	数量	规格	图示
1	数字电路实训箱	1	S303-4 型	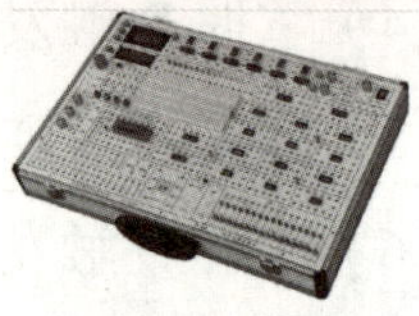
2	双踪示波器	1	SR8	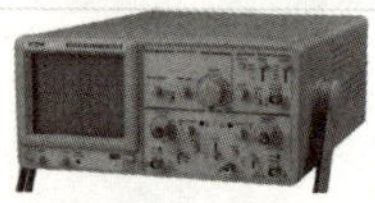
3	直流稳压电源	1	LW-3010KDS/30V、10A	
4	D 触发器	4	74LS74	
5	D 触发器	4	CC4013	
6	色环电阻	2	10 kΩ	
7	发光二极管	2	红色 LED	

16.6　实训实施

一、实训前准备

（1）准备好实训工具。

（2）完成元器件的识别与检测。

二、对 D 触发器进行识读

1. 常见 D 触发器

常见的 D 触发器型号为 74LS74 和 CC4013，实物如图 16-2 所示，其引脚排列如图 16-3 所示。下面分析 74LS74 和 CC4013 各引脚的功能。

图 16-2 常见 D 触发器

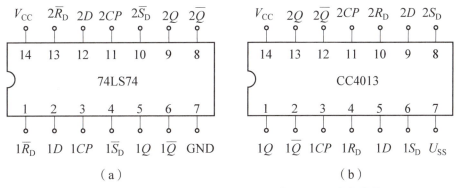

（a）　　　　　　　　　　　　　　（b）

图 16-3　74LS74 和 CC4016 引脚排列及引脚功能

（a）74LS74引脚排列图；（b）CC4013引脚排列图

2.74LS74 和 CC4013 各项参数

查找资料，了解 74LS74 和 CC4013 各项参数，独立完成表 16-3 和表 16-4 的填写。

表 16-3　74LS74 引脚的功能

脚号	引脚代码	引脚功能
1		
2		
3		
4		
5		
6		
7		
8		
9		
10		
11		
12		
13		
14		

表 16-4　CC4013 引脚的功能

脚号	引脚代码	引脚功能
1		
2		
3		
4		
5		
6		
7		
8		
9		
10		
11		
12		
13		
14		

三、测试 D 触发器的逻辑功能

（1）按图 16-4 所示连接电路。

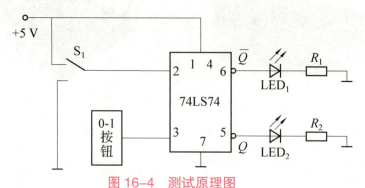

图 16-4　测试原理图

（2）按表 16-5 所示的参数要求输入信号，测试集成双上升沿 D 触发器 74LS74 的端复位和置位功能，测试方法与"实训 14"中 JK 触发器相同。将测试结果记录在表 16-5 中。

表 16-5　测试结果记录表

CP	D	$\overline{R}_D$	$\overline{S}_D$	Q	$\overline{Q}$
×	×	1	0		
×	×	0	1		

（3）调节直流稳压电源，使输出电压为 +5 V，按照表 16-6 进行测试。

（4）记录并观察输出端的变化，二极管亮，表示输出为 1，反之为 0。将实验结果填在表 16-6 中。

表 16-6　功能测试

D	CP	输出		输出		功能说明
		Q^n	Q^{n+1}	Q^n	Q^{n+1}	
0	0→1	0	1			
	1→0	0	1			
1	0→1	0	1			
	1→0	0	1			

 **实训总结**

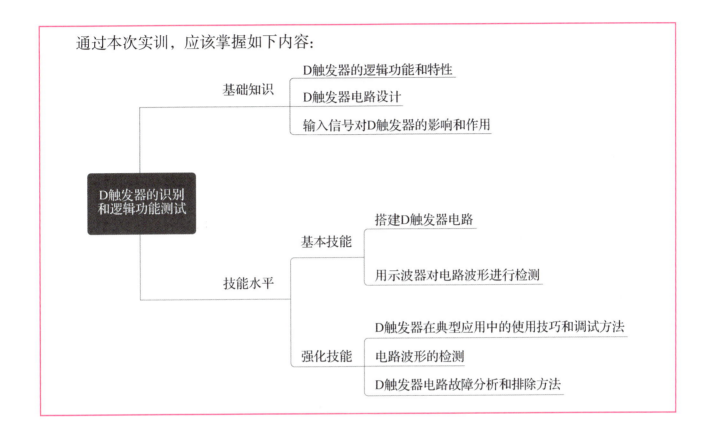

 **实训收获**

16.9 实训评价

班级		姓名		成绩	
任务	考核内容	考核要求		学生自评	教师评分
搭建电路	识读集成逻辑门电路（10分）	能够正确识读集成逻辑门74LS74和CC4013各引脚，了解各引脚功能			
	电路搭建（10分）	能按照实训电路图正确搭建电路			
	布局（10分）	元器件布局合理			
通电测试	逻辑功能测试（20分）	功能正常			
	测试结果分析（20分）	分析测试结果，得出结论			
安全规范	规范（10分）	工具摆放整齐、使用规范			
	整洁（10分）	台面整洁，安全用电			
职业态度	考勤纪律（10分）	按时上课，不迟到早退；按照教师的要求动手操作；实训完毕后，关闭电源，整理工具和仪器仪表			
小组评价					
教师总评		签名：		日期：	

实训 17

四位数据寄存器 74LS175 的搭建与功能测试

17.1 实训目标

知识目标

（1）能独立查找资料，学习有关 74LS175 的部分内容。
（2）会运用指针式万用表和数字式万用表对所需元器件进行检测。
（3）掌握四位数据寄存器的使用及功能测试方法。
（4）学会构成 n 位数据寄存器的方法。
（5）能独立搭建 74LS175 电路。

素养目标

（1）了解寄存器的发展史和我国近年来电子技术行业迅猛发展的现状。
（2）安全用电、爱护仪器设备，保持实训室环境整洁。
（3）通过分组合作完成实训，提高学生发现问题、分析问题、解决问题的能力，培养探索精神，养成团队意识和协作意识。

17.2 知识链接

在数字电路中，用来存放一组二进制数据或代码的电路称为寄存器。寄存器是由具有存储功能的触发器组合起来构成的。一个触发器可以存储一位二进制代码，存放 n 位二进制代码的寄存器，需用 n 个触发器来构成。为了使寄存器能按照指令接收、存放、传送数码，有时还需要配备一些起控制作用的门电路。

一、寄存器

寄存器按功能可分为数码寄存器和移位寄存器两大类。数码寄存器是简单的存储器，只有接收、暂存数码和清除原有数码的功能。

1. 电路结构

如图 17-1 所示是由 D 触发器组成的四位寄存器的逻辑图。它有四个数码输入端 D_3、D_2、D_1、D_0，一个异步复位端 R（高电平有效），一个送数控制端 CP，其简化等效图如图 17-2 所示。

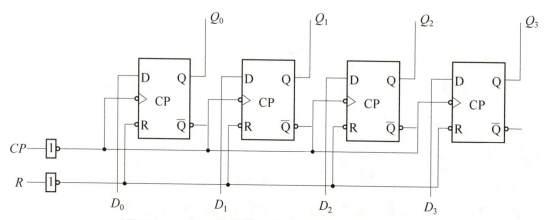

图 17-1　由 D 触发器组成的四位寄存器逻辑电路

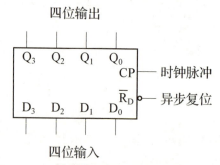

图 17-2　D 触发器组成的四位寄存器等效图

我们可以利用简化等效电路的方法，将一个复杂电路看作一个黑箱，在分析设计时，只注意它的输出和输入部分，这样，更能方便直观地了解电路的功能。

2. 工作原理

数码寄存器主要由触发器和一些控制门组成，每个触发器能存放一位二进制码，存放 n 位数码，就应有 n 位触发器。为保持触发器能正常完成寄存器的功能，还必须有适当的门电路组成控制电路。在数码寄存器中，数据的输入、输出均为并行方式。

结论：74LS175 四上升沿 D 触发器，1 脚为 0 时，所有 Q 输出为 0，$\overline{Q}$ 输出为 1；9 脚为时钟输入端，9 脚上升沿将相应的触发器 D 端的电平，锁存入 D 触发器。

二、集成寄存器

实训的重点是集成寄存器的应用。

常用的由触发器构成的集成数码寄存器有四 D 型触发器 74LS175（实物见图 17-3）、八 D 型触发器 74LS373 等。下面以 74LS175 为例进行介绍。

图 17-3　74LS175 实物

74LS175 是常用的四 D 型触发器集成电路，里面含有四组 D 触发器，可以用来构成寄存器、抢答器等功能部件。

（1）逻辑符号和芯片引脚如图 17-4 所示。

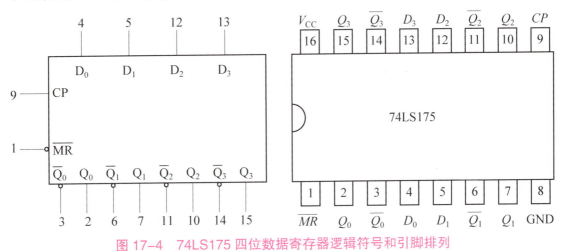

图 17-4　74LS175 四位数据寄存器逻辑符号和引脚排列

（2）内部结构如图 17-5 所示。

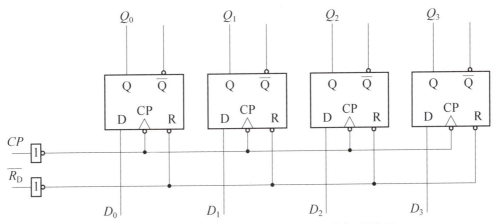

图 17-5　74LS175 四位数据寄存器的内部结构图

（3）逻辑功能见表 17-1。

表 17-1　74LS175 四位数据寄存器功能表

清零	时钟	输入				输出				工作模式
$\overline{R_D}$	CP	D_3	D_2	D_1	D_0	Q_3	Q_2	Q_1	Q_0	
0	×	×	×	×	×	0	0	0	0	异步清零
1	↑	D_3	D_2	D_1	D_0	D_3	D_2	D_1	D_0	数码寄存
1	0	×	×	×	×	保持	保持	保持	保持	数据保持
1	1	×	×	×	×	保持	保持	保持	保持	数据保持

17.3　实训要求

本任务以小组为单位，通过知识点的学习，能够识别 74LS175 的引脚，通过对集成寄存器的原理分析，熟练进行电路搭建和故障排除。能够利用示波器完成电路中各部分波形检验，做好记录并画出各部分波形图。整个过程要求团队协作、严谨细致、主动探索、严格规范。

（1）培养小组活动过程中的团队协作意识。

（2）注意操作过程中的安全、规范、严谨。

（3）注意电路搭建时元器件的再判断。

（4）注意仪器配件的摆放及 74LS175 电路搭建完成后电子垃圾的收集。

（5）注意电路通电前应由实习指导教师或现场工程师检验。

（6）注意整个实训步骤及数据记录和任务评价的填写。

（7）能独立查找资料，学习有关 74LS175 的部分内容。

（8）会运用指针式万用表和数字式万用表对所需元器件进行检测。

（9）掌握四位数据寄存器的使用及功能测试方法。

（10）学会构成 n 位数据寄存器的方法。

（11）能独立搭建 74LS175 电路。

17.4 实训分组

采用扑克牌分组法,4人一组,对班级学生进行分组,4人分别担任项目经理(组长)、电子设计工程师、电子安装测试员和项目验收员角色。分组完成后,小组讨论制定组名、组训和小组 LOGO,营造小组凝聚力和文化氛围,并确定任务分工,项目经理完成表 17-2 的填写。

表 17-2 项目分组表

组名		小组 LOGO	
组训			
团队成员	学号	角色指派	职责
		项目经理	统筹计划、进度,安排工作对接,解决疑难问题
		电子设计工程师	进行电子线路设计
		电子安装测试员	进行电子元件安装、焊接,对电路进行调试
		项目验收员	根据任务书、评价表对项目功能情况进行打分评价

任务实施过程中,采用班组轮值制度,学生轮值担任组长、电子设计工程师等角色,每个人都有锻炼组织协调项目管理、项目设计、项目安装调试和项目验收能力的机会。通过小组协作,培养学生团队合作、互帮互助精神和协同攻关能力。

17.5 元器件清单

元器件清单见表 17-3。

表 17-3 元器件清单

序号	名称	规格	数量
1	数字电路实训箱		1
2	函数信号发生器	1~30 kHz	1
3	集成电路 IC_1	74LS175	1

续表

序号	名称	规格	数量
4	集成电路 IC_2	74LS00	1
5	发光二极管	LED	4
6	自锁开关	六脚自锁开关	6
7	电阻	10 kΩ，300 Ω	6，1
8	镊子		1
9	小刀		1
10	斜口钳		1
11	万用表		1
12	示波器		1
13	电容表		1
14	电烙铁		1

17.6 实训实施

一、实训前准备

（1）准备好实训工具。

（2）完成元器件的识别与检测。

二、搭建电路

布局要求：布局合理，从输入到输出进行布局。

搭建顺序：按图 17-6 所示连接电路。74LS175 引脚排列与实物图如图 17-4 所示。

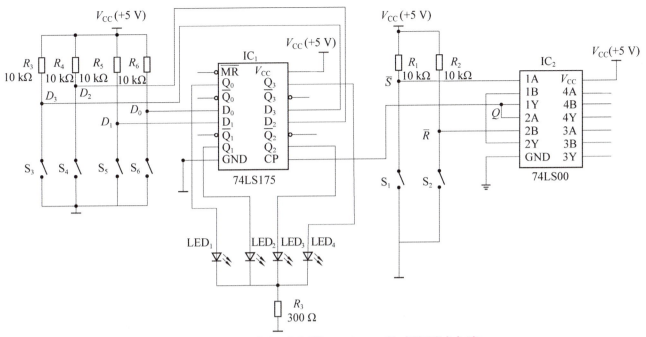

图 17-6　四位数据寄存器 74LS175 的功能测试电路

注意事项：注意集成电路的安装方向，电源电压 V_{CC} 采用 5 V 电压供电。

三、通电测试

1. 通电前检查
通电前，检查电路的连接是否正确。

2. 通电测试
接通电源，根据 LED 亮灭关系判断是否正确存储数据（假设 LED 亮为 1，不亮为 0）。

四、记录参数

电路安装完毕后，对电路进行相关参数测量，并记录实验数据于表 17-4 中。

表 17-4　四位数据寄存器测试表

	S_3、S_4、S_5、S_6 闭合（或断开）	LED_1	LED_2	LED_3	LED_4
合上 S_1					
合上 S_2					

17.7 实训总结

通过本次实训，应该掌握如下内容：

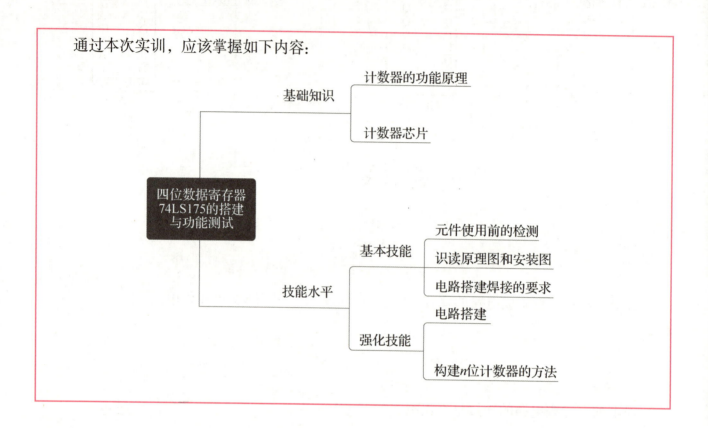

17.8 实训收获

17.9 实训评价

班级		姓名		成绩	
任务	考核内容	考核要求		学生自评	教师评分
搭建电路	识读集成逻辑门电路（10分）	能够正确识读集成逻辑门74LS175和74LS00各引脚，了解各引脚功能			
	电路搭建（10分）	能按照实训电路图正确搭建电路			
	逻辑功能测试（20分）	功能正常			
	布局（10分）	元器件布局合理			
通电测试	测试结果分析（20分）	分析实验结果，得出结论			
安全规范	规范（10分）	工具摆放整齐、使用规范			
	整洁（10分）	台面整洁，安全用电			
职业态度	考勤纪律（10分）	按时上课，不迟到早退；按照教师的要求动手操作；实训完毕后，关闭电源，整理工具和仪器仪表			
小组评价					
教师总评		签名：		日期：	

实训 18
集成计数器 74LS161 的功能测试

 **18.1　实训目标**

知识目标

（1）能独立查找资料，学习集成计数器的使用及功能测试方法。
（2）会运用指针式万用表和数字式万用表对所需元器件进行检测。
（3）通过外观会识读集成计数器芯片。
（4）通过仿真及实验理解构成 N 进制计数器的方法。

素养目标

（1）了解集成计数器的发展史和我国近年来电子技术行业迅猛发展的现状。
（2）安全用电、爱护仪器设备，保持实训室环境整洁。
（3）通过分组合作完成实训，提高学生发现问题、分析问题、解决问题的能力，培养探索精神，养成团队意识和协作意识。

 **18.2　知识链接**

一、计数器

计数器是一种简单而又常用的时序逻辑器件。计数器不仅能用于统计输入脉冲的个数，还常用于分频、定时、产生节拍脉冲等。

在数字电路中，能够记忆输入脉冲个数的电路称为计数器。计数器的种类很多，按照计数的进制不同可分为二进制计数器、十进制计数器及 N 进制计数器等。按照各个触发器状态翻转的时间，可分为同步计数器和异步计数器。在同步计数器中，各触发器受同一时钟脉冲控制，各触发器的翻转是同时发生的；而在异步计数器中，各触发器的翻转不是同时发生的。按照计数过程中数字的增减规律，可分为加法计数器、减法计数器和可逆计数器。随着计数脉冲的不断输入而做递增计数的计数器称为加法计数器，做递减计数的计数器称为减法计数器，可增可减的计数器称为可逆计数器。

1. 异步加法计数器

每输入一个脉冲，就进行一次加1运算的计数器称为加法计数器，也称为递增计数器。异步加法计数器在计数时是采用从低位到高位逐位进位的方式工作的，因此，其中的各个触发器不是同步翻转的。

如图18-1所示是由3个下降沿触发的JK触发器构成的异步加法计数器。图中FF_0为最低位触发器，其控制端接收输入的计数脉冲。因为所有的触发器都是在时钟信号的下降沿动作的，所以进位信号应从低位的Q端输出。各触发器接收负跳变信号时状态就翻转，它的时序图如图18-2所示。

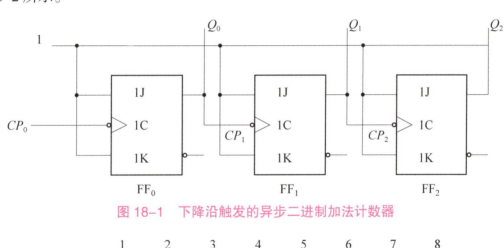

图 18-1 下降沿触发的异步二进制加法计数器

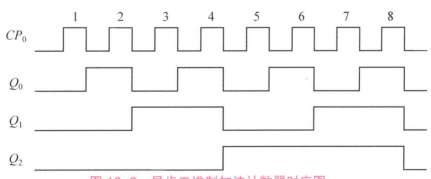

图 18-2 异步二进制加法计数器时序图

输入脉冲数与对应的二进制数吻合，即实现了输入脉冲的二进制递增计数，如表18-1所示，74LS161是常用的四位二进制可预置的同步加法计数器，在各种数字电路以及单片机系统中有着重要的应用。

表 18-1　输入脉冲数与对应的二进制数

计数脉冲	Q_2	Q_1	Q_0
0	0	0	0
1	0	0	1
2	0	1	0
3	0	1	1
4	1	0	0
5	1	0	1
6	1	1	0
7	1	1	1
8	0	0	0

2. 同步加法计数器

异步二进制计数器由于进位信号是逐步传送的，因此它的计数速度会受到限制。为了提高计数速度，可采用同步计数器，其特点是，计数脉冲同时接于各位触发器的时钟脉冲输入端，当计数脉冲到来时，各触发器同时被触发，应该翻转的触发器是同时翻转的。同步计数器也可称为并行计数器。

如图 18-3 所示是用 JK 触发器（但已令 $J = K$）组成的四位二进制（$N = 16$）同步加法计数器。

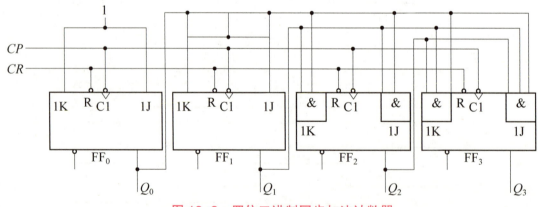

图 18-3　四位二进制同步加法计数器

由图可见，各位触发器的时钟脉冲输入端接同一计数脉冲 CP，各触发器的驱动方程分别为

$$J_0 = K_0 = 1$$

$$J_1 = K_1 = Q_0$$

$$J_2 = K_2 = Q_0 Q_1$$

$$J_3 = K_3 = Q_0 Q_1 Q_2$$

根据同步时序电路的分析方法,可得到该电路的功能表,如表18-2所示。设从初态0000开始,因为 $J_0 = K_0 = 1$,所以每输入一个计数脉冲 CP,最低位触发器 FF_0 就翻转一次,其他位的触发器 FF_i 仅在 $J_i = K_i = Q_{i-1}Q_{i-2}\cdots Q_0 = 1$ 的条件下,在 CP 下降沿到来时才翻转。

集成二进制计数器芯片有许多品种。如图18-4(a)所示74LS161是四位二进制同步加法计数器,其引脚排列和逻辑符号如图18-4(b)所示,$\overline{CR}$ 是异步清零端,低电平有效;$\overline{LD}$ 是同步并行预置数控制端,低电平有效;D_3、D_2、D_1、D_0 是并行数据输入端;E_P、E_T 是使能端(工作状态控制端);CP 是触发脉冲,上升沿触发;Q_3、Q_2、Q_1、Q_0 是输出端,CO 为进位输出端。

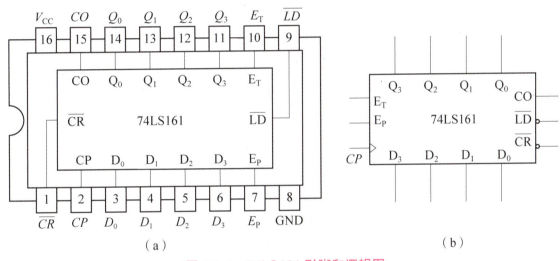

图18-4　74LS161引脚和逻辑图
(a)引脚排列;(b)逻辑符号

二、74LS161的功能

74LS161的逻辑功能如表18-2所示。

表18-2　74LS161型四位二进制同步加法计数器的功能表

清零	预置	控制		时钟	预置数据输入				输出			
$\overline{CR}$	$\overline{LD}$	E_P	E_T	CP	D_3	D_2	D_1	D_0	Q_3	Q_2	Q_1	Q_0
0	×	×	×	×	×	×	×	×	0	0	0	0
1	0	×	×	↑	d_3	d_2	d_1	d_0	d_3	d_2	d_1	d_0
1	1	0	×	×	×	×	×	×	保持			
1	1	×	0	×	×	×	×	×	保持			
1	1	1	1	↑	×	×	×	×	计数			

由表18-2可知,74LS161具有以下功能:

(1)异步清零。$\overline{CR} = 0$ 时,计数器输出被直接清零,与其他输入端的状态无关。

（2）同步并行预置数。在 $\overline{CR} = 1$ 条件下，当 $\overline{LD} = 0$ 且有时钟脉冲 CP 的上升沿作用时，D_3、D_2、D_1、D_0 输入端的数据 d_3、d_2、d_1、d_0 将分别被 Q_3、Q_2、Q_1、Q_0 所接收。

（3）保持。在 $\overline{CR} = \overline{LD} = 1$ 的条件下，当 $E_T \cdot E_P = 0$ 时，不管有无 CP 脉冲作用，计数器都将保持原有状态不变。需要说明的是，当 $E_P = 0$、$E_T = 1$ 时，进位输出 CO 也保持不变；而当 $E_T = 0$ 时，不管 E_P 状态如何，进位输出 $CO = 0$。

（4）计数。当 $\overline{CR} = \overline{LD} = E_P = E_T = 1$ 时，74LS161 处于计数状态。

由此可见，74LS161 具有异步清零、保持、同步并行送数、计数等功能。

三、计数器 74LS161 的级联应用

为了扩大计数器范围，常将多个二进制计数器级联使用。同步计数器往往设有进位（或借位）输出端，故可选用其进位（或借位）输出信号来驱动下一级计数器。如图 18-5 所示是由 74LS161 利用进位输出控制高一位的加计数端构成的级联示意图。

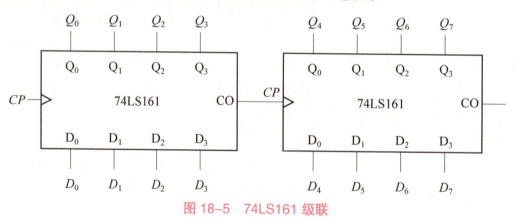

图 18-5　74LS161 级联

18.3　实训要求

本任务以小组为单位，通过学习集成计数器的原理的相关知识，完成 74LS161 的电路搭建和故障排除。能够通过操作开关观察现象并且做好记录。整个过程要求团队协作、严谨细致、主动探索、严格规范。

（1）能独立查找资料，学习集成计数器的使用及功能测试方法。

（2）会运用指针式万用表和数字式万用表对所需元器件进行检测。

（3）通过外观会识读集成计数器芯片。

（4）掌握 74LS161 的逻辑功能。

（5）通过实训理解构成 N 进制计数器的方法。

（6）能够熟练完成实训电路的搭建。

（7）能够预估电路输出端的信号变化。

（8）熟练使用信号发生器、直流稳压电源和示波器。

（9）能够绘制输出信号图。

18.4 实训分组

采用扑克牌分组法，4人一组，对班级学生进行分组，4人分别担任项目经理（组长）、电子设计工程师、电子安装测试员和项目验收员角色。分组完成后，小组讨论制定组名、组训和小组LOGO，营造小组凝聚力和文化氛围，并确定任务分工，项目经理完成表18-3的填写。

表18-3 项目分组表

组名			小组LOGO	
组训				
团队成员	学号	角色指派	职责	
		项目经理	统筹计划、进度，安排工作对接，解决疑难问题	
		电子设计工程师	进行电子线路设计	
		电子安装测试员	进行电子元器件安装、焊接，对电路进行调试	
		项目验收员	根据任务书、评价表对项目功能情况进行打分评价	

任务实施过程中，采用班组轮值制度，学生轮值担任组长、电子设计工程师等角色，每个人都有锻炼组织协调项目管理、项目设计、项目安装调试和项目验收能力的机会。通过小组协作，培养学生团队合作、互帮互助精神和协同攻关能力。

18.5 元器件清单

元器件清单见表18-4。

表18-4 元器件清单

序号	名称	规格	数量
1	数字电路实训箱		1
2	函数信号发生器	1~30 kHz	1

续表

序号	名称	规格	数量
3	集成电路 IC_1	74LS61	1
4	集成电路 IC_2	74LS00	1
5	发光二极管	LED	4
6	自锁开关	六脚自锁开关	2
7	电阻	10 kΩ，300 Ω	2，1
8	镊子		1
9	小刀		1
10	斜口钳		1
11	万用表		1
12	示波器		1
13	电容表		1
14	电烙铁		1

18.6 实训实施

74LS161 引脚排列与实物图如图 18-6 所示。

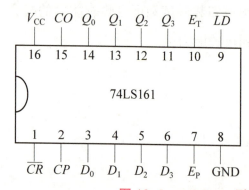

图 18-6　74LS161 引脚排列与实物图

一、实训前准备

（1）准备好实训工具。

（2）完成元器件的识别与检测。

二、搭建电路

集成计数器 74LS161 的功能测试电路如图 18-7 所示，完成下列工作任务。

参照电路图正确搭建电路，电路搭建完毕后对电路进行相关参数测量，记录实验数据；有故障时，根据检测结果分析故障原因并排除相应故障。

注意集成电路的安装方向，电源电压 V_{CC} 采用 5 V 电压供电。

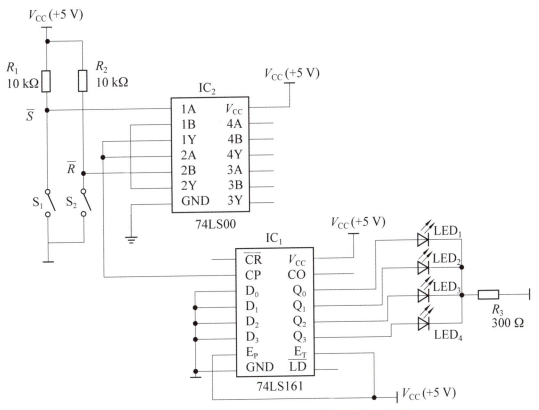

图 18-7　集成计数器 74LS161 的功能测试电路

三、通电测试

1. 通电前检查

检查电路的连接是否正确。

2. 通电测试

根据 LED 亮灭关系判断是否正确存储数据（假设 LED 亮为 1，不亮为 0），并完成表 18-5 的填写。

表 18-5　计数测试表

项目	LED_1	LED_2	LED_3	LED_4
合上 S_1				
合上 S_2				
合上 S_1、S_2				

18.7 实训总结

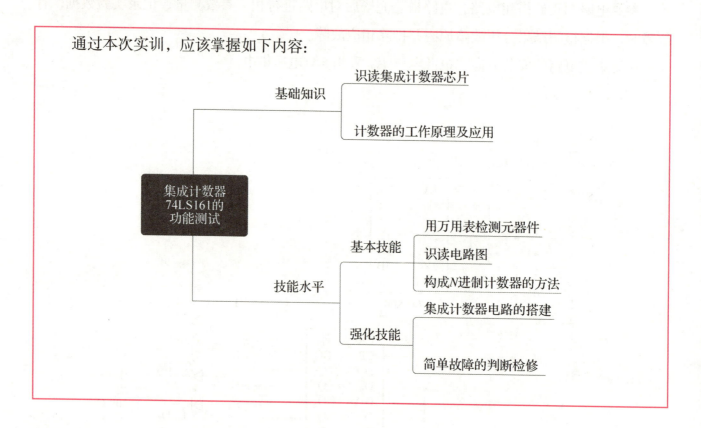

18.8 实训收获

18.9 实训评价

班级		姓名		成绩	
任务	考核内容	考核要求		学生自评	教师评分
搭建电路	识读集成逻辑门电路（10分）	能够正确识读集成逻辑门74LS161各引脚，了解各引脚功能			
	电路搭建（10分）	能按照实训电路图正确搭建电路			
	布局（10分）	元器件布局合理			
通电测试	逻辑功能测试（20分）	功能正常			
	测试结果分析（20分）	分析实验结果，得出结论			
安全规范	规范（10分）	工具摆放整齐、使用规范			
	整洁（10分）	台面整洁，安全用电			
职业态度	考勤纪律（10分）	按时上课，不迟到早退；按照教师的要求动手操作；实训完毕后，关闭电源，整理工具和仪器仪表			
小组评价					
教师总评		签名：		日期：	

实训 19
555 时基电路与多谐振荡器的功能测试

19.1 实训目标

实训 19 555 时基电路与多谐振荡器的功能测试

知识目标

（1）了解 555 时基电路的组成、工作原理。
（2）掌握 555 时基电路的引脚排列和功能。
（3）掌握 555 构成的多谐振荡器的结构、工作原理。
（4）会画多谐振荡器的输出波形。
（5）会计算多谐振荡器的周期。

素养目标

（1）通过小组探讨 555 的结构和原理，锻炼学生的理解和思维能力。
（2）通过电路调试，培养学生分析问题、解决问题的能力。
（3）通过分组合作探究，培养团队协作意识。

19.2 知识链接

555 时基电路，是一种数字、模拟混合型的中规模集成电路，应用十分广泛。它是一种产生时间延迟和多种脉冲信号的电路，由于内部使用了三个 5 kΩ 的电阻，故取名 555 时基电路。外加电阻、电容等元件可以构成多谐振荡器、单稳态触发器、施密特触发器等波形产生、整形等电路。

一、555时基电路

555时基电路又称555定时器,为中规模集成电路,其功能强、使用灵活、适用范围广。

1. 电路特点

(1)将模拟功能和逻辑功能兼容为一体。

(2)采用单电源供电(双极型4.5~15 V,CMOS为2~18 V),可和TTL、CMOS集成逻辑门电路共用一个电源。

(3)双极型输出电流可达200 mA,带负载能力强,可直接驱动小电机、喇叭、继电器等;CMOS输出电流仅为1~3 mA,只能带轻负载,但定时长,功耗小。

2. 电路组成

555时基电路内部结构如图19-1所示,由四部分组成:分压器、电压比较器、基本RS触发器、开关管。

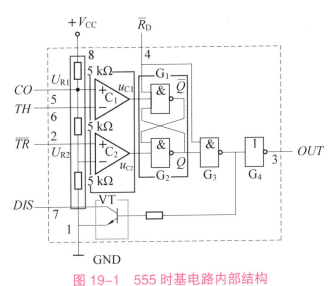

图19-1 555时基电路内部结构

(1)分压器:通过3个5 kΩ电阻将电源电压分成三等份,为电压比较器提供基准电压。$\frac{2}{3}V_{CC}$加在C_1同相端,$\frac{1}{3}V_{CC}$加在C_2反相端。

(2)电压比较器:有上、下两个电压比较器C_1、C_2。

(3)基本RS触发器:由两个与非门交叉连接而成,功能为同1保持、避免同0,有可从外部进行置"0"的复位端。

(4)开关管:三极管VT。

3. 引脚排列和外形图

555时基电路各引脚功能见表19-1,引脚排列及实物如图19-2所示。

表 19-1　555 时基电路引脚功能

引脚	功能	引脚	功能
1	GND 接地端	5	CO 电压控制端
2	$\overline{TR}$ 低电平触发端	6	TH 高电平触发端
3	OUT 输出端	7	DIS 放电端
4	$\overline{R_D}$ 低电平有效清零端	8	V_{CC} 正电源端

图 19-2　555 时基电路引脚图和实物图

4. 电路功能

555 时基电路的功能见表 19-2。

表 19-2　555 时基电路的功能表

输入			输出	
$\overline{R_D}$	高电平触发端 TH	低电平触发端 $\overline{TR}$	输出端 OUT	开关管 VT 状态
0	×	×	低电平	导通
1	$>\frac{2}{3}V_{CC}$	$>\frac{1}{3}V_{CC}$	低电平	导通
1	$<\frac{2}{3}V_{CC}$	$>\frac{1}{3}V_{CC}$	保持原态	保持原态
1	$<\frac{2}{3}V_{CC}$	$<\frac{1}{3}V_{CC}$	高电平	截止

二、555 时基电路的应用：多谐振荡器

1. 多谐振荡器的电路结构

如图 19-3 所示为多谐振荡器的电路图。R_1、R_2、C 为外接元件。

2. 多谐振荡器的工作过程

电源未接通时，C 两端电压 u_C 为 0。电源接通时，R_1、R_2 和 C 组成电容充电电路，但由于电容两端电压不能突变，u_C 从 0 开始增大，只要 u_C 小于 $\frac{2}{3}V_{CC}$，555 内部的三极管 VT 就处于截止状态，输出高电平，C 会继续充电，u_C 继续增大，当 u_C 电压升至 $\frac{2}{3}V_{CC}$ 时，VT 导通，输出低电平，充电结束，R_2 和 C 构成放电电路，u_C 减小，只要 u_C 大于 $\frac{1}{3}V_{CC}$，C 会继续放电，当 u_C 低至 $\frac{1}{3}V_{CC}$ 时，VT 截止，放电结束，C 又开始充电，继续上述过程。周而复始，在 C 两端和输出端得到电压波形如图 19-4 所示。

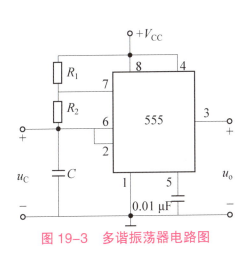

图 19-3　多谐振荡器电路图

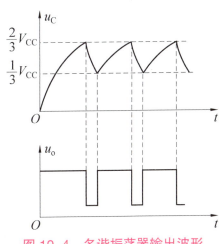

图 19-4　多谐振荡器输出波形

3. 多谐振荡器的特点

（1）多谐振荡器是产生矩形脉冲的自激振荡电路，无须外加输入信号。只要接通电源，多谐振荡器就会自动产生矩形脉冲。（注意：图中 u_C 并非外加的输入信号）

（2）多谐振荡器无稳态，只有两个暂稳态，如图 19-4 所示。

4. 多谐振荡器的输出波形

多谐振荡器的输出波形如图 19-4 所示。

5. 多谐振荡器输出矩形波周期

（1）矩形波的周期：

$$T = 0.7(R_1 + 2R_2)C,\ T = t_1 + t_2$$

（2）充电时间常数：

$$t_1 = 0.7(R_1 + R_2)C$$

（3）放电时间常数：

$$t_2 = 0.7R_2C$$

可通过调节 R_1、R_2 或 C 的大小来调节振荡波周期。

三、矩形波信号发生器

利用直流稳压电源电路为多谐振荡器提供直流稳压电源，可组成一个完整的矩形波信号发生器，电路如图 19-5 所示。

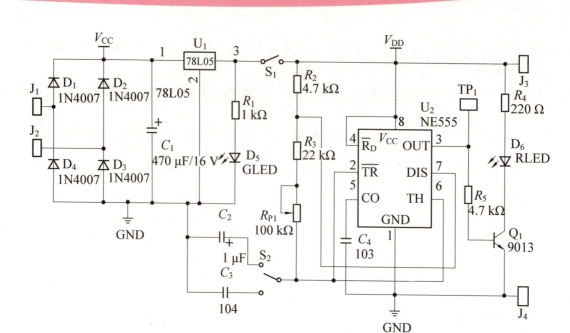

图 19-5　矩形波发生器电路图

左边为直流稳压电源电路，在 J_1 和 J_2 之间接入低压交流电，四个二极管整流后输出脉动直流电，经滤波电容 C_1 滤波后得到平滑直流电，C_1 容量越大滤波效果越好，再经过三端稳压器 78L05 即可输出 +5 V 的直流电压。R_1 是限流电限，D_5 是电源指示灯。

右边的电路是由 NE555 与周边元件组成的矩形波信号发生器。接通 S_1 后，NE555 得电开始工作，电源经过 R_2、R_3、R_{P1} 对电容 C_3 充电，充电初期 NE555 的 2、6 脚为低电平，内部三极管截止，NE555 的输出端 3 脚输出高电平，Q_1 导通，发光二极管 D_6 点亮。随着充电的持续，C_3 电压逐渐升高，与此相连的 2、6 脚变成高电平，内部三极管导通，电容 C_3 通过 R_{P1}、R_3 和内部三极管放电，NE555 的输出变为低电平，Q_1 截止，D_6 熄灭。随着 C_3 的放电，NE555 的 2、6 脚重新恢复低电平，重复以上过程，所以在 NE555 的第 3 脚输出矩形波。矩形波的周期取决于 C_3 的充放电时间。因此改变电容 C_3 的大小可以改变矩形波周期（频率），即将 S_2 的短路帽转换到 C_2，电路输出的矩形波周期（频率）将会发生改变。

19.3　实训要求

本任务以小组为单位，通过个人讲解、集体讨论的方式，掌握 555 时基电路和多谐振荡器的工作原理，通过分工合作的方式完成矩形波信号发生器的组装与调试，并填写调试记录表。

（1）通过识读电路图，观察元件型号、外形等，掌握主要元器件的极性及参数。

（2）会简述 555 时基电路的工作原理，明确 555 的功能和引脚排列。

（3）会画多谐振荡器电路原理图，会对多谐振荡器进行原理分析，理解矩形波产生的过程，会计算矩形波的周期。

（4）会根据元器件清单检查元器件数量，会用万用表检测各元器件质量。

（5）会根据需要对元器件进行镀锡、成型等预处理。

（6）能正确识读整机电路原理图、印制电路板图，明确各元器件的安装位置及极性。

（7）能根据原理图及电路板装配图对元器件进行安装及焊接。

（8）会对电路进行通电测试及故障检修。

（9）完成电路调试记录表。

实训分组

采用扑克牌分组法，4人一组，对班级学生进行分组，4人分别担任项目经理（组长）、电子设计工程师、电子安装测试员和项目验收员角色。分组完成后，小组讨论制定组名、组训和小组LOGO，营造小组凝聚力和文化氛围，并确定任务分工，项目经理完成表19-2的填写。

表19-2 项目分组表

组名				小组LOGO	
组训					
团队成员	学号	角色指派		职责	
		项目经理		统筹计划进度，安排工作对接，解决疑难问题	
		电子设计工程师		进行电子线路设计	
		电子安装测试员		进行电子元器件安装、焊接，对电路进行调试	
		项目验收员		根据任务书、评价表对项目功能情况进行打分评价	

任务实施过程中，采用班组轮值制度，学生轮值担任组长、电子设计工程师等角色，每个人都有锻炼组织协调项目管理、项目设计、项目安装调试和项目验收能力的机会。通过小组协作，培养学生团队合作、互帮互助精神和协同攻关能力。

19.5 元器件清单

元器件清单见表 19-3。

表 19-3 元器件清单表

名称	型号及规格	数量	标号	安装要求	数量标记	质量标记
集成电路	NE555	1	U_2	注意引脚顺序		
二极管	1N4007	4	D_1~D_4	（1）卧式、贴板安装； （2）注意二极管极性，R 朝向一致； （3）引脚留头 1 mm		
电阻	1 kΩ	1	R_1			
电阻	4.7 kΩ	1	R_2			
电阻	22 kΩ	1	R_3			
电阻	220 Ω	1	R_4			
电阻	4.7 kΩ	1	R_5			
电位器	100 kΩ	1	R_{P1}			
三端集成稳压器	78L05	1	U_1	（1）立式安装； （2）注意极性； （3）引脚留头 1 mm		
有极性电容	470 μF/16 V	1	C_1			
有极性电容	1 μF	1	C_2			
无极性电容	104	1	C_3			
无极性电容	103	1	C_4			
三极管	9013	1	Q_1			
发光二极管	GLED	1	D_5			
发光二极管	RLED	1	D_6			
开关	2.54-2P 跳线帽	1	S_1、S_2			
单排针	2.54 mm 直针	1	TP_1、GND、S			
电路板	4.72 cm × 2.7 cm	1		目测有无缺陷		

续表

名称	型号及规格	数量	标号	安装要求	数量标记	质量标记
工作台		1		（1）检查工作台电源是否好用； （2）检查万用表、示波器等仪器仪表是否好用； （3）检查电烙铁、吸锡器、钳子、镊子等工具是否好用； （4）检查连接线是否好用； （5）若无问题，在数量栏和质量栏打标记"√"		
万用表		1				
示波器		1				
连接线		若干				
电烙铁		1				
烙铁架		1				
吸锡器		1				
焊锡丝		1				
松香		1				
镊子		1				
尖嘴钳		1				
斜口钳		1				
螺丝刀	$\phi 2\,mm$、$\phi 3\,mm$	2				

19.6 实训实施

一、实训前准备

（1）准备好实训工具。
（2）完成元器件的识别与检测。

二、安装焊接

1. 焊前预处理

根据需要，使用镊子等辅助工具，对元器件引脚进行焊接前的镀锡、成型等预处理。

2. 识读技术文件

正确识读整机电路原理图、印制电路板图，明确各元器件的安装位置及极性。

3. 电路装配焊接

电路原理图如图19-5所示，在PCB印制电路板上装配、焊接元器件，完成后如图19-6所示。

图 19-6　焊接完成图

4. 装配焊接工艺要求

（1）有极性的元件，在安装时要注意极性，切勿装反。

（2）没有具体说明的元器件，要尽量贴近电路板安装。

（3）电阻色环朝向要一致，即水平安装的第一道色环在左边，竖直安装的第一道色环在下面。

（4）无极性电容器的朝向要一致，便于观察。在元件面看，水平安装的标志朝上面，竖直安装的标志朝左面。

（5）安装焊接时由低到高，由里到外，以不影响下一步操作为原则。

（6）元器件焊接完成后，及时将多余的引脚剪掉，留头1 mm。

三、电路调试

工作台上方提示牌为绿色的"允许通电测试"状态时，才可进行电路通电测试，若提示牌为红色的"禁止通电测试"状态，则通电测试前必须举手示意教师，教师检查同意后方可进行通电测试。

（一）交流电源的测量与检测

在本操作前不需要举手示意教师。打开工作台上交流8 V电源开关，输出端子先不接电源线，闭合电源开关，用万用表测量输出端子间的电压，将测量结果记录在表19-4中。操作完毕后，断开交流8 V电源开关。打开工作台上直流5 V电源开关，输出端子先不接电源线，闭合电源开关，用万用表测量输出端子间的电压，将测量结果记录在表19-4中。操作完毕后，断开直流5 V电源开关。

表 19-4　电压记录表

项目	交流8 V	直流5 V	位置1	位置3
实测值				

（二）电路调试

1. 电路模块一通电测试

电路模块一包含的元器件有 D_1、D_2、D_3、D_4、D_5、C_1、U_1、R_1。

（1）断开开关 S_1，连接工作台 8 V 交流电源，使用万用表对电路模块一进行测试，测量原理图中 1、3 位置的对地电压，并将测试结果记录在表 19-4 中。

（2）记录后，断开工作台低压交流电源开关，拆除电路模块一的电源连线。

2. 电路模块二通电测试

模块二包含的元器件有 U_2、R_2、R_3、R_4、R_5、D_6、Q_1、R_{P1}、C_2、C_3 和开关 S_2。

（1）开关 S_1 保持断开状态，开关 S_2 处于接通 C_3 的状态，连接工作台直流稳压电源 +5 V，使用万用表、示波器对电路模块二进行测试。测试电路中 TP_1 点的矩形波信号波形，并记录在表 19-5 中。读出矩形波信号的电压幅度、周期，计算矩形波理论上的周期，并在指定位置做好记录。

（2）将开关 S_2 转换到接通 C_2 的状态，记录电路工作状态。

（3）断开工作台直流稳压电源开关，拆除电路模块二的电源连线。

表 19-5　模块二调试情况记录表

开关 S_2 连接 C_3 时的电路情况			
TP_1 波形	电压幅度、周期、频率		
	实测值	电压幅度	
		周期	
	计算值	周期	
		频率	
开关 S_2 连接 C_2 时的电路状态			

3. 整机电路测试

在电路模块一与模块二正常工作的基础上，闭合开关 S_1，将开关 S_2 置于 C_3 接通状态，使用工作台低压交流电源、万用表、示波器对整机电路进行测试，如图19-7所示。

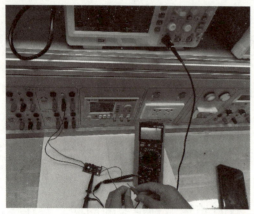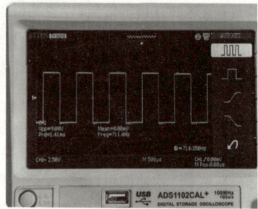

图 19-7　整机调试接线图和波形图

（1）测试电路中 TP_1 点的矩形波信号波形，同时测量电路中指定位置的电压，记录在表19-6中。

（2）将开关 S_2 转换到接通 C_2 的状态，将电路工作状态记录在表19-6中。

表 19-6　整机调试情况记录表

开关 S_2 连接 C_3 时的电路情况			
TP_1 波形		电压幅度、周期	
		1 位置电压幅度	
		3 位置电压幅度	
	实测值		
		输出信号周期	
开关 S_2 连接 C_2 时的电路状态			

四、故障检修

若电路发生故障,小组讨论分析后做出检修方案,完成故障检修,并填写记录表 19-7。

表 19-7 故障检修记录表

故障现象	检修方案	检修结果
故障 1:		
故障 2:		
故障 3:		

19.7 实训总结

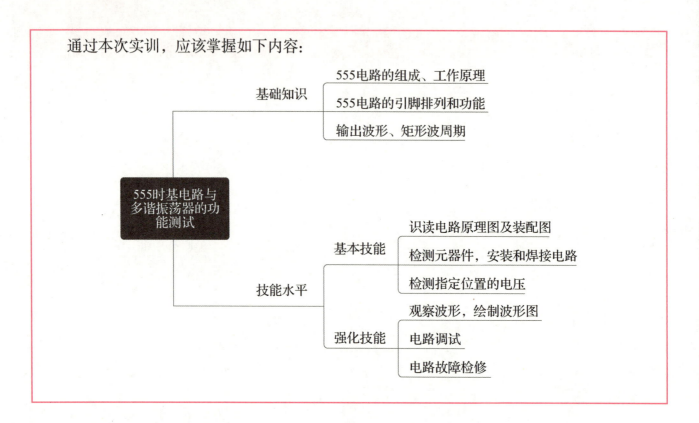

19.8 实训收获

 **19.9 实训评价**

班级		姓名		成绩	
任务	考核内容	考核要求		学生自评	教师评分
电路组装	元器件清点检测（10分）	根据元器件清单，选择合适的元器件；通过清点、检测，判断元器件的数量和质量，有问题及时更换，并做好标记			
	元器件引脚成型处理（5分）	能按照装配图正确、规范地进行引脚处理			
	元器件安装（5分）	元器件极性正确、朝向规范、安装整齐			
	电路板焊接（10分）	焊点圆润光滑，无虚焊、夹生焊等现象，引脚剪切规范			
通电测试	模块一调试（10分）	指定位置电压测量值正确			
	模块二调试（15分）	指定位置波形调试成功，电压幅度、频率、周期测量正确			
	整机调试（15分）	指定位置波形调试成功，电压幅度、周期测量正确			
	故障检测（10分）	能检测并排除常见故障			
安全规范	规范（5分）	工具摆放整齐、使用规范，符合安全操作规范			
	整洁（5分）	台面整洁，安全用电			
职业态度	考勤纪律（10分）	按时上课，不迟到早退；按照教师要求完成实训内容			
小组评价					
教师总评					
		签名：		日期：	

参考文献

［1］李华柏，周红兵，谢永超．电子技术［M］．4 版．北京：高等教育出版社，2020．

［2］陈敏，张金豪．数字电子技术基础［M］．北京：北京理工大学出版社，2021．

［3］邓元庆．电子技术基础［M］．北京：电子工业出版社，2014．

［4］周向阳．电子技术实训教程［M］．北京：中国电力出版社，2012．

［5］朱朝霞．机电工程实训教程——电子技术实训［M］．北京：清华大学出版社，2014．

［6］马国伟．电子技术实训教程［M］．北京：清华大学出版社，2020．

［7］杨爱敏．应用电子技术实训教程［M］．北京：机械工业出版社，2020．

［8］詹新生．电子技术基础［M］．北京：机械工业出版社，2015．

［9］王志军．电子技术基础［M］．2 版．北京：北京大学出版社，2021．

［10］吴霞，潘岚．电路与电子技术实验教程［M］．北京：高等教育出版社，2022．

［11］赵京，熊莹．电工电子技术实训教程［M］．北京：电子工业出版社，2015．

［12］陈振源．电子技术基础学习指导与同步实训［M］．北京：高等教育出版社，2022．

［13］图说帮．电子元器件从零基础到实战（图解、视频、案例）［M］．北京：中国水利水电出版社，2022．

［14］黄宗放．电子技术基础与技能（电子信息类）［M］．2 版．北京：电子工业出版社，2021．

［15］陈斗．电子电路分析与应用（项目化教程）［M］．北京：化学工业出版社，2019．